气候暖化对华北平原冬小麦/夏玉米种植体系影响的田间试验研究

◎ 侯瑞星 著

中国农业科学技术出版社

图书在版编目（CIP）数据

气候暖化对华北平原冬小麦/夏玉米种植体系影响的田间试验研究 / 侯瑞星著. --北京：中国农业科学技术出版社，2022.9
ISBN 978-7-5116-5876-0

Ⅰ.①气… Ⅱ.①侯… Ⅲ.①全球气候变暖－影响－冬小麦－田间试验－研究－华北地区 ②全球气候变暖－影响－玉米－田间试验－研究－华北地区 Ⅳ.①S512.1-33 ②S513-33

中国版本图书馆CIP数据核字（2022）第154084号

责任编辑	崔改泵
责任校对	李向荣
责任印制	姜义伟 王思文

出 版 者	中国农业科学技术出版社
	北京市中关村南大街12号　　邮编：100081
电　　话	（010）82109194（编辑室）　　（010）82109702（发行部）
	（010）82109709（读者服务部）
网　　址	https://castp.caas.cn
经 销 者	各地新华书店
印 刷 者	北京建宏印刷有限公司
开　　本	148 mm×210 mm　1/32
印　　张	2.875
字　　数	85千字
版　　次	2022年9月第1版　　2022年9月第1次印刷
定　　价	30.00元

资助项目

1. 中国科学院战略性先导科技专项（XDA28130300）
2. 国家自然科学基金面上项目（32071607）

摘　要

　　温度升高对农田生态系统的影响关系到气候变化背景下粮食生产安全以及农田土壤的长期可利用性。本研究在我国粮食主产区黄淮海平原利用田间尺度的控制试验，对温度升高下冬小麦的生长发育过程和土壤碳循环过程的变化进行长期监测和分析。研究内容包括冬小麦生育期和产量变化，以及不同耕作措施下土壤碳排放对温度升高的响应过程等。研究取得以下两方面成果。

　　在冬小麦生长方面：

　　（1）增温显著提高冬小麦地上部生物量，增加小麦株高。

　　（2）低幅度增温（土壤增温2℃）对冬小麦产量无明显影响，有小幅增产（1%~3%）的现象。

　　（3）增温缩短了冬小麦整个生育期，但对生殖生长期影响很小。而中高幅度增温（土壤温度增加2.8℃和3.5℃）会导致冬小麦持续生长并倒伏，产量最高下降37%。

　　在土壤碳循环方面：

　　（1）增温导致翻耕和免耕措施下土壤温度和水分的差别增加，加剧了传统翻耕措施下的水分压力。

　　（2）增温对土壤碳排放影响不显著，但会促进免耕下土壤碳排放，而对翻耕措施下土壤碳排放起到抑制作用。

　　本研究认为，冬小麦自身对低幅度增温有一定的调节和适应能力，土壤温度升高2℃对华北灌溉农田冬小麦产量无显著影响；而当增温幅度超过2℃时，增温很可能导致冬小麦倒伏而大幅降低产量；增温导致免耕措施下土壤碳分解加剧和碳排放持续增加，需要重新评价保护性耕作措施碳固持特性对温度升高的响应。

关键词：农田；增温试验；碳循环；农作物；多幅度；华北平原

Abstract

Effects of global warming on farmland ecosystem are in relation to food production and soil sustaining. In this study, we used control field-scale experiments in the North China Plain, monitoring and analysis the changes of winter wheat growth and soil C cycling processes under temperature growth. Contents of the study include soil C winter wheat growing period and yield under different tillage measures change and emissions on the elevated temperature process. The research showed that:

To winter wheat growing and yield:

a: Aboveground biomass of winter wheat increased significantly, and increase the wheat plant height;

b: There is no significant change on winter wheat yield, with a slight increase (1% ~ 3%) phenomenon.

c: Warming shortened the winter wheat phenology, but little influence on reproductive growth stage.

d: While increasing soil temperature by 2.8℃ and 3.5℃, a rise in temperature will lead to winter wheat growth and lodging, the highest drop of yield could be up to 37%.

To soil carbon cycle:

a: Temperature grow up 2.1℃ (soil), will enlarged the

difference of the soil temperature and moisture of conventional tillage and no tillage, exacerbated by the conventional tillage measures under water stress.

b: Effect of warming on soil carbon emissions was not significant, but the temperature will promote no tillage carbon efflux, while the soil carbon emission under conventional tillage was limited.

Through this research, we considered that winter wheat has certain regulation and the ability to adapt to the low-level temperature grown up, soil temperature increased 2℃ will not affect the yield of Winter Wheat yield in North China irrigation; however, when the elevated temperature is over 2℃, warming is likely to lead to winter wheat lodging and greatly reduce yield; warming would encourage the soil C decomposition and CO_2 efflux under no-tillage system continuously, and there is a need to reevaluate the carbon sequestration under conservation tillage system responses to elevated temperature.

Keywords: Farmland; Warming experiment; Carbon cycle; Crops; multi-level; The Huang Huai Hai Plain

目　录

第 1 章

绪　论

1.1 选题背景和立论依据

1.1.1 全球气候变暖与农业

由于人类活动的影响，自1850年第一次工业革命开始，全球的平均温度增加了0.76℃，而且增加的速度不断加快。到21世纪末，全球平均温度还会持续增加1.4 ~ 5.8℃（IPCC，2007）。由于全球变暖对人类生活产生巨大的多方面的影响，如极端天气出现更加频繁和海平面上升等，危及人类的生存环境。

对于农业来说，随着人口增长带来的粮食安全问题，需要在原有粮食产量增加速度不变的情况下，达到目前粮食总产量的两倍才能解决。而农业对环境变化的影响是非常敏感的。比如近些年越来越频繁出现的厄尔尼诺现象带来的干旱和洪水对于小麦等农作物的产量造成了巨大的影响。这些现象更证明了农作物对气候变化的敏感性。所以，需要一方面更加准确地预测未来几十年的气候变化情况，另一方面也要找到合适的办法来让农业适应未来的气候变化。

1.1.2 全球气候变暖与农作物

对于未来气候变化对我国农作物产量的影响，国内外学者的预测有着不同结果。国外的学者认为，未来气候变化可能会使我国农业小幅增产；而国内的学者则通过模型研究认为中国农业生产力会下降（Tao et al.，2008）。出现这种情况的原因主要是因为气候变暖对于农作物生理的影响是复杂的，具有高度的不确定性。首先，气候变暖会直接缩短无霜期、延长作物的适宜生长期。其次，由于单位时段内积温的增加，温度升高可能会缩短作物的生育期。而生育期的缩短可能会由于缩短了光合作用时间而带来干物质积累的减少，进而导致减产。但是，气象条件对作物的影响不仅来自于温度，水分对于农作物的生长同样重要。而温度和水分之间存在着密切的联系。温度的升高一方面会加快作物的蒸腾作用，另一方面又会改变区域的降水状况，间接影响作物的生长发育和粮食产量。同时温度的升高还会带来"热浪"现象，同样会影响作物的产量。所以，增温对于作物的生长发育和产量都有着重要的影响，但也伴随着巨大的不确定性。如何更加有效地面对这些日益加剧的问题，如何减少气候变化对农业影响的不确定性是未来农业发展和保障粮食安全急需解决的重要问题。

1.1.3 全球气候变暖与碳循环

根据IPCC（2007）报告，CO_2的减少，主要是依靠减少化石燃料燃烧和合理的土地利用机制。首先，根据我国国家发展和改革委员会"十一五"的工作规划，"十五"期间，我国一次性能源消费主要是原煤、原油和天然气，总量达到22.5亿吨，标准煤占世界14.8%，居世界第二。而在"十一五"的规划中，2010年，煤炭、石油和天然气所提供能源共占总能源的92%，虽较2005年相比，煤炭和石油的比例分别下降了3%和0.5%，但这些都说明中国的能源还是以一次性能源为主，特别是化石燃料燃烧所提供的能源。所以，短期内想单纯依靠减少化石燃料燃烧来减少CO_2的排放量还是很有限度的。同时，我国政府于2009年年底郑重承诺：到2020年，我国单位国内生产总值二氧化碳排放比2005年下降40%～45%，并将其作为约束性指标纳入国民经济和社会发展中长期规划。这充分说明了我国政府对CO_2减排的坚定决心。在最大限度不影响我国经济建设快速发展的前提下，如何能充分合理地利用目前的资源达到节能减排的目标，对于完成碳减排规划和保障经济建设的稳定发展都有着重要的意义。

农业土壤以及农田的耕作方式对于全球碳素循环有着重要的意义，农田既可以成为大气中CO_2的源，也可以成为汇（Lal，2004）。全球耕地约占全球总陆地面积的10.6%，耕地均为水分、通气条件好，含有较多有机质的肥沃土壤。虽然与森林和草地相比，农田的面积较小，但受到人为因素的影响最大：在对农田土壤进行耕作的过程中，对土壤的扰动会促进土层中土壤有机质的分解，不仅减少了农田土壤中丰富的土壤有机质，并向大气排放大量的CO_2等温室气体。根据联合国粮农组织（FAO）的统计，农田排放的温室气体主要由CO_2、N_2O和CH_4组成，每年向大气中排放的总量达到人类活动总排放量的17%，说明了农田是陆地碳排放方面的主要贡献者。减少农田的碳素排放或者是增加农田生态系统对大气中碳素的捕捉能力，将对缓解大气CO_2浓度持续增加有着重要作用。

全球的变暖可能会促进土壤中有机质的分解，这将影响大气中CO_2的浓度。根据目前的一种假说，即全球温度的增加可能会促进土壤中的有机质分解，并导致大量的CO_2向大气中排放（Kirschbaum，1995），进而增强了温室效应，而随后的温室效应使大气温度升高，形成正反馈循环。即温度的升高促进土壤碳库向大气中排放，而后随着大气中CO_2浓度的升高会进一步促使气温上升，再次返回到温度升高增加土壤中碳排放的循环中。但在实际情况下，土壤中碳库的稳定性不仅受到温度的影响，还受到水分以及人为干扰的影响；同时土壤呼吸本身也是具有适应性的，它会随着温度的升高调节自身的强度，维持一个相对稳定的平衡。

所以当考虑气候变化与土壤中碳库的关系时，一方面不能把土壤从整个生态环境中剥离出来，单纯地研究它对温度上升的响应；另一方面也要从土壤自身的调节能力方面来判断它对气候的响应。

1.1.4 保护性耕作对土壤碳库的影响

农田土壤中含有丰富的土壤有机质，它对于保证农田土壤肥力、农作物的生产、保障农业的可持续性发展和未来粮食安全有着重要的作用。不同的耕作体系对碳素有着不同的影响。常规耕作通过翻耕促进作物根系的生长和提高作物对肥料的利用效率来达到提高产量的目的。翻耕会加速农田耕层土壤有机质的矿化，导致耕层土壤有机碳的损失，形成CO_2等温室气体的排放。如我国东北黑土土壤有机质随着长期耕作而浓度持续下降说明了这一点（许信旺等，2009）。对于碳素的固持，目前的研究结果表明，常规耕作的固碳能力和免耕相似，只是在碳素固定的土层有所差别。常规耕作由于翻耕的原因，将碳素主要固持在深土层中（Christopher et al.，2009）。

保护性耕作为一种重要的可持续发展的农业耕作技术，可以通过最大限度地减少耕作来减少对土壤的扰动，保护土壤有机质，减少其分解；又由于保护性耕作下土壤表层有作物残存覆盖，增加了土壤有机质的投入，使保护性耕作下的土壤具备了固持碳素进而成为碳汇的能力，起到缓解全球温室效应的作用。同时，保护性耕作还可以减少土壤侵蚀，增强农田土壤的保水能力以及减少农业耕作活动中化石燃料的使用等优点。目前，全球保护性耕作应用范围增加迅速。美国、加拿大、澳大利亚、巴西、阿根廷等国，其应用面积已占本国耕地面积的40%~80%；世界各国应用面积总和约占全球耕地面积的8%。我国保护性耕作起步晚，但发展迅速。农业部在2009年发布的《保护性耕作工程建设规划（2009—2015年）》中指出，在规划期末，即2015年要通过各类项目建设与辐射带动，在全国可新增保护性耕作应用面积1.7亿亩（15亩=1hm^2，全书同）。所以目前保护性耕作正在被作为一种农业可持续发展的重要途径被充分重视。

已有研究表明，全球变暖可能会影响保护性耕作能否继续作为农业可持续发展的重要解决办法，以及它能否持续地对大气中CO$_2$浓度的升高起到缓解作用。通常来说，免耕与常规耕作相比能够显著地增加土壤表层0~5 cm的土壤有机碳库，而表层土壤也是受温度变化影响最显著的土层。那么在全球变暖可能会促进土壤表层土壤有机质分解的背景下，温度增加对免耕和常规耕作下土壤表层的土壤有机质有哪些影响呢？免耕能否保持其原有的固碳能力呢？这些问题的答案对于回答未来哪种耕作方式更适合旱地农业的可持续发展和评价免耕对于环境大气CO$_2$升高的固碳潜力等问题均有着重要的作用。所以对于农田土壤有机质分解对全球变暖的响应的评价，无论是对于免耕措施自身对气候变化的适应性还是对于农田土壤对温室气体排放的贡献度都是非常重要也是迫切需要的。

但是目前关于不同耕作系统下的全球变暖对农田土壤有机碳影响的田间研究还鲜有报道。本研究的目的就是通过田间试验来定量地评价免耕和常规耕作处理下的农田土壤表层土壤有机质分解及CO$_2$排放对全球变暖的响应，从机理上解释温度与土壤有机质分解之间的关系。对更好地评价不同耕作方式及旱地农田的固碳潜力，研究有机质分解与温度之间的反馈关系、我国主要粮食作物（冬小麦/夏玉米）生育期和产量对温度升高的响应，以及更合理地预测农田对我国政府承担的CO$_2$减排额度的贡献度都有着重要作用。面对这些直接影响人类生存环境的问题，首先需要正确认识生态系统对全球变暖的响应，才能评价和预测未来全球变化对人类生存环境可能产生的危害性的影响，进而找到解决或缓解该影响的有效途径。同时也能够为预测未来全球气候与生态系统变化提供详实的数据和理论依据。

1.2 国内外研究进展

1.2.1 农作物对气候变暖的响应

气候变化对农业和粮食产量的影响过程是复杂的。它通过直接地改变农业生态环境和间接影响作物的生长和养分的分配，形成了影响粮食生产的结果。温度、降水以及温室气体排放的变化会影响农田的适耕性和作物的产量。Schmidhuber和Tubiello（2007）认为，温带地区温度升高可能会给当地的农业带来非常大的好处：温度升高会扩大可种植作物的面积，延长作物的生育期和作物的产量。也有研究结果表明气候变暖对作物产量的影响以负面影响为主。如Peng等（2004）报道了长期水稻产量对气候变暖的响应。研究者发现，从1979—2003年，气候变暖分别增加了白天最高温度和晚间的最低温度0.35℃和1.13℃。在干旱的生长季节，夜晚温度每增高1℃，水稻的产量减产10%。

增温还会对作物的生育期产生影响。前人室内控制试验研究表明，随着温度的升高，小麦获得相同积温的时间变短，使得小麦的生育期变短。同时研究发现，小麦生育期的长短，特别是重要的生育期如开花期和灌浆期，与作物的产量有着正相关的关系。前人的研究结果认为，温度的上升会缩短生育期，进而导致产量的下降。这种认识也是目前该领域普遍的一种观点。但根据我国黄淮海地区25年长期农田观测的结果（Liu et al.，2010），虽然该地区平均气温增高速度为每10年升高$0.4 \sim 0.7℃$，但产量的变化有增加也有减少。研究者认为是小麦品种的改变抵消了气候变化带来的负面影响。我国南京报道了农田开放式增温系统在麦稻田上的研究效果。研究发现增温会显著地缩短小麦的生育期，在2007年和2008年分别缩短了9天和14天。同时会显著地提高小麦产量，平均增幅为18.5%。这些结果与室内控制试验研究的结果均不一致。可见不同的试验条件决定了不同的试验结果。笔者认为田间尺度的试验对于模拟未来的气候变化与室内控制试验相比更为准确，因为田间试验充分考虑了自然条件的影响。

另一方面大气中CO_2浓度的变化也会影响农业。CO_2浓度的增高对于大部分作物来说会促进作物生物量的积累和产量的提高。可是根据不同的农田管理方式（如灌溉和施肥措施）和作物的品种等，由CO_2浓度增高所带来的影响目前还不清楚。Lin等（2005）通过对未来的两个时间段的模拟也发现随着温度的增加，如果大气中CO_2没有增加，则作物产量也会降低。Liu等（2010）以温度、水分和CO_2浓度为影响因素模拟了黄淮海平原农作物产量对气候变化的响应，温度的增加会降低作物产量。温度升高还会扩大作物病虫害发生的范围和增加作物害虫冬季的存活数量并危害第二年春季的作物（Schmidhuber and Tubiello，2007）。

以前研究气候变暖对作物生长的影响时，通常使用开顶箱法进行，但开顶箱法对气候变暖的模拟不够充分（Kennedy et al.，1995）。具体来说，使用开顶箱法温度升高的幅度和特征不能被很好地控制。温室不仅影响温度，还影响湿度、气体组成、雪的覆盖度（由此产生的生长季节的变化）、光照（强度和光质）以及风速等。温室和开顶箱还可以阻挡雨雪、降低混合气体的扩散和湍流，这样就抑制了白天水蒸气的向上运动和晚上露水的形成。这些负面效应增加了观察生态系统对温度升高反应的难度，使我们不能全面而真实地理解全球变暖条件下微气候变化的综合效应。另外，温室或开顶箱还通过改变风速和阻挡动物活动而影响植物花粉和种子的传播和有性生殖。而红外辐射法是在开放的室外条件下进行，与开顶箱法相比，可以较好地模拟气候变暖（牛书丽等，2007）。

综上，气候变化对小麦的影响是多方面的和复杂的。其中，温度对小麦的影响存在着室内控制试验结果和田间试验结果不一致的现象。模型是评价气候变化对作物影响最有效、全面的手段。作为作物—气候模型的基础，试验结果直接决定了模型的准确性。所以，田间开放条件下的研究结果可以提高现有模型的建模的准确性，这对于更好地评价气候变化对农作物的影响，以及未来的粮食安全有着重要的意义。

1.2.2　保护性耕作与农田碳素固持

保护性耕作对土壤有机碳（SOC，soil organic carbon）的影响表现在可以显著地增加土体表层的SOC含量。免耕为一种主要的保护性耕作形式。保护性耕作可以将土壤由碳源向碳库转化（Six et al.，2004）。其中的机理，免耕对SOC含量有以下三种影响：①减少对土体的扰动，使土壤团聚体更容易形成，并且保护稳定团聚体中的SOC，减少其被氧化的含量（Six et al.，1999）；②改变了当地的土壤环境，其中包括：容重、孔径分布、温度、水分和空气的比例，这些因素都会限制SOC的生物降解（Kay and Van den Bygaart，2002）；③通过秸秆覆盖，增加了向土壤中的有机质输入。

长期的保护性耕作，对土体表层土壤有机碳的增加是有规律可循的。Novak等（2007）在西班牙的沙壤土上经过24年的长期保护性耕作与圆盘耕作（常规耕作的一种）进行对比，研究发现圆盘耕作下土壤表层的SOC含量在第10年左右就达到了饱和，随时间的增加土壤中有机碳的含量变化不大；而在保护性耕作条件下，经过24年土壤仍然在继续截留碳，但截留的速率经过14年左右后有所下降。这也说明了保护性耕作与常规耕作相比，会明显地影响到土壤表层的土壤有机碳含量，而且可以长期地在土壤表层起到固持有机碳的作用。

Bessam等（2003）在对摩洛哥半干旱11年免耕与常规耕作的试验田进行研究后发现，免耕较常规耕作可以通过增加SOC含量来增强表土的肥力。在对SOC的截留方面：在0~25 mm土层，在免耕4年后和11年后两种方式对比后发现，多免耕7年间SOC总量增加1.59~7.21 t/hm^2，而常规耕作下，仅从4.47 t/hm^{2}增加至4.48 t/hm^2。也证明了与常规耕作相比，保护性耕作可以增加土壤表层的土壤有机质，进而达到增加土壤肥力和保证粮食安全的目的。

在表土层以下，保护性耕作处理下含有的土壤有机碳往往低于常规耕作。如唐晓红等（2007）报道的在四川盆地紫色水稻土由常规耕作转变为保护性耕作13年后，保护性耕作土壤0~10 cm土层SOC含量明显增加，有机碳固持率为53 g/（m^2·年），而常规耕作只有26 g/（m^2·年）。而在10~20 cm土层保护性耕作处理下的土壤有机碳固持率却小于常规耕作。Machado等（2003）报道，在巴西南部铁铝土上，长期（21年）保护性耕作和常规耕作在0~40 cm土层碳的总量之和几乎相同，保护性耕作只在0~20 cm土层的含碳量明显多于常规耕作。Novak等（2007）报道，长期（24年）保护性耕作和圆盘耕作相比，在整个的0~90 cm研究范围中，只有0~5 cm土层有机碳的含量差距明显。这个原因主要是因为保护性耕作与常规耕作的区别在于是否翻动土层。由于翻动了土层，常规耕作会把作物残茬等有机质带入更深的土层，即增加了该土层的碳投入；而保护性耕作处理下，秸秆等有机物均残留在土壤的表层，很难到达土壤的下层，所以形成在表土层以下。因此，常规耕作处

理下的土壤有机碳含量高于保护性耕作处理。

但是并不是所有的免耕都能增加土壤有机碳，Pudget和Lal（2005）比较了56处不同地点的免耕与犁耕试验地点，发现其中的42处增加了土壤中有机碳的含量，而11处出现了减少的情况。42处增加的报道中，只有10处经过统计分析为免耕显著地增加了土壤中的有机碳；出现减少的11处试验地，没有出现免耕显著低于翻耕情况。Wander等（1998）报道，作者在同一地点研究后，与前人的研究比较，发现保护性耕作并不是一直都能形成对土壤有机碳的净增加。总体来说，免耕对于土壤有机碳固持潜在能力的研究发现，它会随研究地点土壤有机碳的背景值的增加而降低（Angers et al.，1997）。

在评价不同耕作方式对土壤碳库影响时，需要考虑土壤类型（Ball-Coelho et al.，1998；Christopher et al.，2009）以及取样深度（Machado et al.，2003；VandenBygaart et al.，2011）的影响。目前，一些研究人员开始怀疑免耕是否能够在整个土壤剖面形成碳素的固持。Baker等（2007）强调，在判断不同耕作方式对碳库影响时，采样忽略底土层会造成夸大免耕对土壤碳库的正效应。作者认为，常规耕作转变为免耕耕作系统后，在采样较深时（40~60 cm），与原有的常规耕作相比并没有增加土壤有机碳库。根据Machado等（2003）研究了巴西一组长期的（1976—1996年）免耕和常规耕作的对比试验，发现经过21年不同的耕作处理，在0~20 cm土层免耕处理与常规耕作相比显著增加了土壤中的有机碳库；但当采样到40 cm时，发现在20~40 cm土层，常规耕作处理下土壤有机碳的储量更高。进而发现，在整个0~40 cm土层，免耕处理与常规耕作相比并没有增加土层中的有机碳储量。Baker等（2007）指出，免耕并没有增加土壤中的有机碳库，而只是改变了土壤中碳库的分布。Christopher等（2009）比较了选自美国3个州的12对免耕和常规耕作试验点，这些试验点均是由常规耕作转变为保护性耕作的，转换的时间为5～35年。研究者比较了这12对试验点0～60 cm土层中土壤有机碳库在耕作方式转换后的变化，发现有9个点的土壤有机碳储量在经历耕作方式的转变后降低或几乎没有变化。所以，作者建议在比较不同耕作方式对有机碳库影响的时候，采样的深度是一个重要因素。

最近，一篇对相关研究的综述（Luo et al.，2010）分析了69对前人的试验，发现免耕在0～40 cm土层并没有比常规耕作固持更多的碳素。他们的分析发现，在0～10 cm土层，免耕的可固持（3.15±2.42）t/hm^2，但在20～40 cm土层会出现（3.30±1.61）t/hm^2的减少。Du等（2010）研究了我国华北平原常规耕作和免耕耕作方式下秸秆覆盖对SOC库的影响。他们发现，与常规耕作无秸秆添加的耕作方式相比较时，免耕在0～10 cm增加的SOC会被10～20 cm与常规耕作相比较少的碳库抵消掉，形成在0～30 cm土层无差别的情况。

同时，时间对于耕作方式对SOC库影响有着重要的意义（Christopher et al.，2009）。无论是免耕的实施还是转换回常规耕作，土壤本身是需要时间根据碳素的投入和输出来建立一个新的SOC库的平衡。对于热带地区来说，0～30 cm土层需要的时间大概是6～8年（Six et al.，2002）。

综上，免耕对整个剖面土壤碳库的影响是目前研究的热点之一，它会根据不同的环境、土壤质地等因素产生不同的结果。所以，在研究气候变暖对免耕处理下土壤有机碳的影响时，先要清楚地了解试验地区免耕对碳素在整个土壤剖面（0～60 cm）的分布的影响；再根据该分布设定合适的采样深度来反映所研究的问题。

1.2.3 气候变化与保护性耕作

农业每年向大气排放大量的温室气体，以CO_2、N_2O和CH_4为主。全球由于人类活动排放的N_2O和CH_4分别有84%和52%来自农业（Smith et al.，2008）。根据Cole等（1997）的估算，每年农业领域有减少1.15～3.3 Pg（1 Pg＝10^{15} g）碳排放的潜力。保护性耕作作为一种"双赢"的农业措施，既可以减少土壤侵蚀又能增强农田的可持续发展，同时又能减缓温室气体的排放。Six等（2004）统计了湿润和干旱地区免耕和常规耕作处理对三种主要温室气体（CO_2、N_2O和CH_4）排放的影响。研究发现，在刚转变为免耕的农田与常规耕作的农田相比，两种条件下的三种温室气体的排放增加；但在转变成免耕10年以后，在湿润地区免耕显著地降低了三种温室气体的排放；在转变为免耕20年以上的干旱地区，三种温室气体的排放也低于常规耕作。所以他们认为，利用长期的免耕系统可以达到缓解农田温室气体排放的目的。

综上，保护性耕作具有固碳、减少土壤侵蚀、保水、减少温室气体排放的巨大潜力。保护性耕作对于农业的可持续发展和缓解气候变化等方面均起到不可替代的积极作用。

1.2.4 土壤有机质分解对温度的敏感性

土壤有机质是土壤的重要组成部分，它对于农作物生产—粮食安全—土壤和环境质量等方面均有着重要作用（图1-1）。通常来说土壤有机质不包括土壤中植物的根、未腐烂的大型土壤动物和植物残体。它可以提供植物所需的养分，从物理、化学、生物三方面改善土壤肥力，还可以吸附、络合重金属离子以及固定有机污染物等重要作用（黄昌勇，2000）。由于全球土壤有机质分解的温度敏感性对于全球碳循环及其对全球变暖响应的潜力来说都是非常重要的，所以关于该方面的研究近些年来得到了前所未有的重视

（Davidson和Janssens，2006）。目前对于土壤有机质分解对温度敏感性的研究按研究内容大致可分为：增温对土壤呼吸、对土壤中碳库和对生态系统CO_2通量三方面影响。

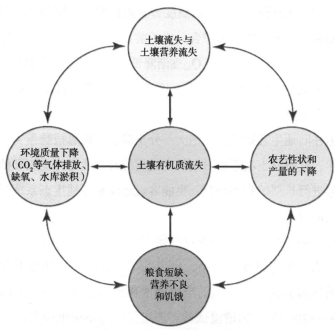

图1-1　土壤有机质在农业方面的重要性（Lal，2004）

1.2.5　土壤呼吸与气候变化

土壤中有机质分解时，会造成CO_2排放，即土壤呼吸。土壤呼吸越强，代表土壤有机质分解对温度的敏感性越强。森林、草地和农田是陆地生态系统土壤呼吸主要的组成部分。Yu等（2010）基于中国1995—2004年土壤呼吸的数据，利用区域尺度土壤呼吸的统计学模型分别统计了森林、草地和农田在1995—2004年每年三者对中国总土壤呼吸的贡献度，发现森林、草地和农田的贡献度分别是20.84%、48.38%和22.19%。其中农田土壤呼吸对中国总土壤呼吸的贡献度约占1/4，说明了农田土壤呼吸对整个陆地生态系统呼吸的重要作用。在研究土壤呼吸对温度敏感性问题时，一般采用Q_{10}作为研究的指标。Q_{10}代表温度每升高10℃，土壤呼吸增加的速率。Kirschbaum（1995）综合分析了前人关于温度和土壤呼吸的研究发现，随着温度的升高，Q_{10}逐渐降低。Q_{10}从5℃左右最高的12.9降到35℃时的0.5。可见随着温度的升高，土壤有机质分解对温度的敏感性下降。

但在陆地生态系统中，绝大部分土壤上方均有植物覆盖。所以近些年，在研究土壤呼吸对气候变化响应时，通常将土壤和植物放在一起进行长期的野外研究，更能客观地反映陆地生态系统对气候变化的适应性。

目前关于生态系统呼吸对气候变暖响应的研究包括了森林、草原和农田生态系统。其中，Melillo等（2002）使用地下埋设电热丝的增温方法，在美国的哈佛硬木森林的土壤上进行了10余年（1991—2000年）的增温试验，通过供电与不供电使得增温点的温度始终高于未增温点5℃。研究发现，在增温的前4年，增温点的土壤呼吸显著高于未增温点；但随着时间的延长，增温点和未增温点之间的差别越来越小，到2000年两者之间土壤呼吸几乎无差别。于是他们认为，增温会明显地促进土壤呼吸和土壤有机质分解，但随着增温点土壤中活性碳的减少，增温点的土壤呼吸强度下降。同样，在草地生态系统中，增温试验也证明了土壤呼吸会随着温度的增加而增强。如Zhou等（2007）在美国草原利用红外辐射增温技术，对草地进行了研究。在草地生态系统增温2℃的条件下，经过6年（1999—2005年）的时间，发现在刈割和不刈割两种秸秆条件下，增温均能增强土壤呼吸。土壤呼吸的温度敏感性指标Q_{10}在增温条件下，略低于未增温条件下的土壤。Dorrepal等（2009）在亚北极圈附近的泥炭土地区利用开顶箱（OTCs）方法进行了长达8年的增温试验。亚北极圈泥炭土含有陆地生态系统中约1/3的土壤有机碳库，同时由于其平均温度低，土壤有机质的温度敏感性大（Kirschbaum，1995）。研究人员发现，在该地区春季和夏季对土壤和空气增温1℃，分别会显著提高土壤呼吸60%和52%。并且这种影响与Melillo等（2002）在森林生态系统中所得到的增温点与常温点之间的土壤呼吸强度差别随时间而延长的结论不一致，在该地区温度对土壤呼吸的影响是长期而稳定的。同时该试验与其他试验不同，发现土壤中排放的CO_2绝大部分（69%）来自于永久冻土层以上、表土层以下的25~50 cm土层处。目前对于农田生态系统增温的试验报道还不多，已知的试验为Hartley等（2008）在玉米—小麦田利用地下铺设电缆的方法对农田土壤进行增温。电缆线埋入地下2 cm深处，加热时比对照温度高出约3℃。分别对小麦、玉米和裸地进行加热。结果表明，增温显著地增加了3种处理下的土壤呼吸。同时发现，加热过程中有几次加热中断，而中断时增温和常温小区的土壤呼吸间无差别，这也说明了土壤呼吸对温度变化适应性是很强的。

根据其来源，土壤呼吸可以被简单地分为来自植物根的呼吸（自养呼吸）和来自微生物的呼吸（异养呼吸）（Kuzyakov，2006）。自养呼吸的碳素是未被作物生长所利用的来自大气中的CO_2。异养呼吸则来自微生物的活动和对有机质的分解过程中产生的CO_2。从机理上看，增温会对自养和异养呼吸均产生影响：增温会影响作物生长，进而影响作物的光合作用和自养呼吸；增温还会影响微生物的活性，以及所有化学反应过程，进而影响异养呼吸。所以，在从机理上研究土壤呼吸对增温的响应时，我们需要搞清楚土壤呼吸变化的原因，即增温对自养和异养呼吸两个过程的影响。根据Raich和Tufekcioglu（2000）对草地和农田自养和异养呼吸比例的统计，异养呼吸占总呼吸的比率通常在60%～88%。Zhou等（2007）对增温条件下草地自养和异养呼吸的研究表明，增温同时促进了自养和异养呼吸。增温后，两者对土壤呼吸的贡献度未发生明显变化。Melillo等（2002）在对森林土壤的研究中也发现，增温没有明显改变土壤自养和异养呼吸对土壤呼吸贡献度的情况。但是，增温对农田土壤自养和异养呼吸影响的研究目前还鲜有报道。

根据上面的多个野外增温试验可以发现，不同的增温方式可能会导致不同的研究结果。如埋设电缆线的方法增温与红外线辐射增温对土壤呼吸的影响不同，用电缆线增温与常温小区间的差异更为明显，而红外线增温不同小区间虽然有差别，但差异不大。目前野外增温试验通常使用开顶箱法、土壤中埋设加热电缆、红外线反射法和红外线辐射法四种。每种方法均有自身的优缺点。根据牛书丽等（2007）以及Aronson和Mcnulty（2008）的报道，使用红外线辐射的方法来模拟气候变暖更适合农田增温试验的使用。

综上，不同增温方式对森林、草地和农田土壤进行增温的野外试验均发现，增温可以促进土壤呼吸和土壤有机质分解。但对于农田来说，增温对土壤呼吸以及对土壤自养和异养呼吸的研究还少有报道。在研究土壤有机质分解对温度的敏感性时，研究方法、地理位置、土壤中碳库以及试验的持续时间等都会影响到试验的结果，需要在试验过程中考虑多种因素对结果造成的影响。

1.2.6 气候变暖与土壤活性碳

土壤中易被微生物快速氧化分解，同时又能够依靠化学的抵制和物理的保护来防止微生物分解的那部分有机质就是土壤中的活性有机质（labile soil organic matter，LSOM）（McLauchlan and Hobbie，2004）。

Six et al.（1999）研究认为，新鲜的作物残茬的投入会作为黏合剂，将土壤中原有的颗粒和微团聚体黏合在一起，形成稳定的大团聚体。这个过程也可以被理解为LSOM围绕作物残茬的碎片形成新的团聚体（Six et al.，1999），以此来保障土壤有机质的稳定性。

土壤有机质的测定对于评价土壤质量是非常重要的，但不同耕作方式下土壤有机质的变化速率相对于土壤中的一些活性有机质来说是缓慢的（Sparling et al.，1998）。所以，使用活性有机质指标可以更灵敏、更准确、更实际地反映土壤肥力和物理性质的改变，综合评价耕作方式对于土壤质量的影响（王清奎等，2005）。目前，对土壤中活性有机质的研究越来越广泛，土壤活性有机质的指标主要包括溶解性有机碳（dissolved organic carbon）和微生物生物量碳（microbial biomass carbon）。这两种指标均可以反映土壤中有机碳的变化情况。

根据Melillo等（2002）对在森林生态系统长达10年的增温试验结果的解释，与常温相比，之所以增温增强土壤呼吸的趋势随着时间的延长逐渐减弱，是因为LSOM的逐渐减少。这个结果说明，LSOM的含量会制约土壤呼吸，而土壤有机质分解会明显地减少LSOM的含量。Fang等（2005）在室内进行的培养试验也得到了类似的结果。研究者对土壤在实验室内进行增温培养，使土壤的温度在4~44℃。从最低点开始增温，步长为4℃。每次需要2小时来达到新的温度，每个温度保持9小时。到最高的44℃后，冷却至20℃保持几天。该试验进行了108天，测定了土壤中的活性碳、土壤呼吸、土壤有机质等5个指标。发现随着培养时间的延长，20℃时土壤呼吸逐渐降低，LSOM（溶解性有机碳和微生物量有机碳）含量均显著降低，SOM的含量也略微降低。这两个试验均发现了土壤呼吸的降低伴随着LSOM含量的减少。这说明，在土壤呼吸的过程中，LSOM可能作为碳源被消耗。但目前，关于土壤活性有机质和土壤难溶解有机质的温度敏感性哪个更强的问题，仍存在争论（Fang et al.，2005）。

在草地生态系统进行的野外增温试验也对土壤中活性有机质与土壤呼吸之间的关系进行了研究。Belay-Tedla等（2008）对在美国大平原草地上进行的长期（2.5年）红外辐射增温试验中0~20 cm土层的土壤进行了土壤活性碳和难分解碳的分析，发现增温会促进不刈割草地土壤中活性碳的增加，对于难分解碳无明显影响。而对于刈割草地，增温几乎不对LSOM产生影响。根据在同一个地点进行的土壤呼吸试验（Zhou et al.，2007）报道，增温处理下土壤呼吸增强。即在土壤呼吸增强的条件下，土壤中的活性有机质也增加，这与前面讨论的关于土壤活性有机质是土壤呼吸碳源的结果看似矛盾。Belay-Tedla等（2008）通过对结果的分析认为，在不刈割的试验小区增温一方面促进了土壤呼吸，即有机质分解；同时也增强了植物体对土壤碳素投入，即植物体生物量的增加。Luo等（2009）在中国海北草原进行的红外辐射增温中同样发现，增温会促进未放牧草地土壤中活性有机质（溶解性有机碳）的增加，而且这种影响可以达到40 cm土层。但增温对放牧的土壤中活性有机质无影响。

但Liu等（2009a）报道了在中国北方多伦草原进行的草地增温试验关于增温和微生物间关系的研究结果。该结果表明，经过3年（2005—2007年）的增温，草地中微生物生物量碳含量、微生物生物量氮含量以及微生物呼吸强度均显著降低。研究者认为造成这种结果的主要原因是土壤水分和作物生长受到增温影响而降低，进而影响到微生物活性的结果。Saleska等（1999）和Shaver等（2000）也报道过增温对土壤呼吸和微生物呼吸产生抑制作用的类似结果。

所以，土壤中活性有机质在很大程度上控制着土壤呼吸。在长期的增温条件下，土壤呼吸的增加，往往伴随着土壤中活性有机质的减少。对于草地生态系统来说，增温对于土壤活性有机质的影响分为直接影响和间接影响。直接的影响表现为促进其分解；间接的影响表现为增温会促进植物生物量的增加，进而增加土壤中的活性有机质。但目前关于增温对土壤呼吸和土壤活性碳库的影响存在争议，尚无一致的结果。对于农田来说，目前还没有相关的研究和报道。华北平原农田每年两次的收获与草地的放牧或刈割相似。不同的耕作方式之间，在土壤活性有机质方面存在明显差异：保护性耕作下，土壤表层的活性有机质往往显著高于常规耕作。这种差异可能直接影响到不同耕作方式下土壤有机质分解对气候变暖的响应。所以，在不同耕作方式下研究增温对土壤活性有机质分解的影响，对于从机理上解释农田土壤碳库对气候变暖的响应和评价不同耕作方式对气候变暖的适应性有着重要的意义。

综上，气候变化对农业的影响是多方面的、复杂的，受影响的各个因素间也存在着相互影响的关系。目前，关于作物产量对气候变化响应的研究通常是借助模型来模拟（Peng et al.，2004）。由于气候变化和作物产量之间有着复杂的关系和不确定性，间接的以模型模拟作物产量对气候变化的响应，对于获得较为准确的结果还存在一定的制约性。但直接在开放的小麦—玉米农田体系研究作物产量对气候变暖响应的研究还未见报道。故以长期的田间开放式增温来研究该问题，对于合理地评价和预测我国未来的粮食安全性有着重要的意义。

1.3 研究目标与内容

1.3.1 研究目标

本研究利用人工控制手段，在我国华北灌溉农田开展试验，从田间尺度对气候变暖是如何影响农作物物候期和产量与农田生态系统碳循环过程等方面进行了研究。在此基础上，分析在温度升高情形下农作物生长和产量形成是否发生变化，以及增温对不同耕作措施下土壤有机质分解过程的影响。为综合评价和预测气候变化对华北农作物的影响，以及不同耕作措施在气候变化背景下的适应性提供科学的理论依据。

1.3.2 研究内容

（1）在田间试验条件下，研究气候变暖对农田土壤呼吸的影响。

（2）在田间试验条件下，研究农作物对气候变暖的响应过程：

a. 气候变暖对作物生育期的影响；

b. 气候变暖对作物地上部和各器官生物量的影响；

c. 气候变暖对作物产量的影响。

1.3.3　技术路线（图1-2）

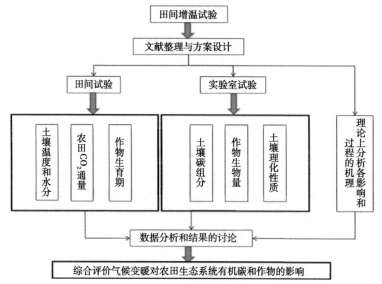

图1-2　技术路线图

第 2 章

材料与方法

2.1 试验地概况

本研究的野外试验于中国北方黄淮海平原的中国科学院山东省禹城市综合实验站（36°40′~37°12′N，116°22′~116°45′E，海拔23.4 m）的免耕试验田上开展。山东省禹城市属温带半干旱季风气候区，年平均气温13.4℃，过去25年（1985—2009年）的年均降水量为567 mm。每年约有70%的降水集中在6—9月。实验站中的免耕试验从2003年秋开始至2009年，有7年的时间，种植的作物是华北平原主要的粮食作物冬小麦—夏玉米。整个试验区原为传统翻耕模式，有5年的小麦—玉米种植历史。在试验开始前，整个试验区进行了30 cm深的统一翻耕。

长期保护性耕作试验地包括免耕秸秆还田（NT，no-tillage with residue retention）和常规耕作秸秆不还田（CT，conventional tillage with residue removed）两种耕作系统，每种耕作系统有三个重复。每个重复小区的面积约为300m²。免耕耕作系统全年无耕作活动，只是在播种时对土壤表面由免耕播种机造成轻微扰动。该耕作系统秸秆还田，每年小麦秸秆还田量约为4.5 t/hm²，玉米秸秆还田量约为6 t/hm²。常规耕作系统每年在种植小麦前进行旋耕，深度约为15 cm。种植玉米前不耕作，直接播种。常规耕作系统每年无秸秆覆盖，作物秸秆全部移除。两种耕作方式是在总纯氮素相同的基础上进行的，每年的总氮投入为492 kg/hm²。

采用MSR-2420红外增温器（Kalglo Electronics Inc，Bethlehem，PA，USA）来模拟全球气候变暖。该设备大小约为165 cm×15 cm，悬挂于加热的小区正上方3 m处，每天24小时加热土壤。所有的红外加热器输出功率调至最大2 000 W（图2-1）。在相对应的不增温小区，架设外形与增温设备一致的同样高度的支架和防雨板，来抵消由于设备带来的光照或雨水的差异。

图2-1　中国科学院禹城试验站增温试验场

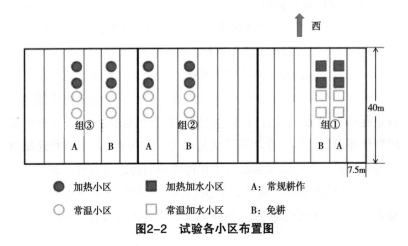

图2-2　试验各小区布置图

　　增温试验包括温度和耕作方式两个驱动因子。共设置4个处理：①免耕增温（NTW no-tillage with warming）；②免耕常温（NTN，no-tillage without warming）；③常规耕作增温（CTW，conventional tillage with warming）；④常规耕作常温（CTN，conventional tillage without warming）。4个处理每个处理设置4个重复，其中，增加灌溉的4个处理每个重复的小区面积为2 m²（图2-2）。使用热红外成像仪（Model SC2000 Therma CAM，Flir Systems，Danderyd，Sweden）来测定增温效果。测定日期为2011年4月19—26日，测定时间分别是9：00、15：00和21：00。测定装置如图2-3。

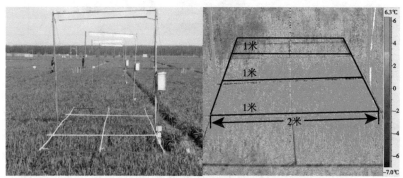

图2-3　用热红外成像仪显示田间增温对小麦灌层温度的影响

2.2　多幅度增温试验

　　2013年10月起，在原有单幅度增温试验的常规翻耕试验地基础上，进行了多幅度增温试验。该试验设置低、中、高三个增温幅度，由三台增温设备构成一个小区，增温设计及效果图如下（图2-4）。试验中共有2个小区，每小区面积为7 m²，并且对称的地分为两个子小区。每个增温幅度下包括4个重复小区。三个增温幅度在2013年10月至2014年6月期间内对土壤5 cm深度增温效果：低幅度为（2.0±0.11）℃，中幅度增温为（2.8±0.08）℃，高幅度增温为（3.5±0.14）℃；与对照相比，对土壤0~10 cm土层土壤体积含水量的降低效果平均为3.3%、5.7%和7.2%。

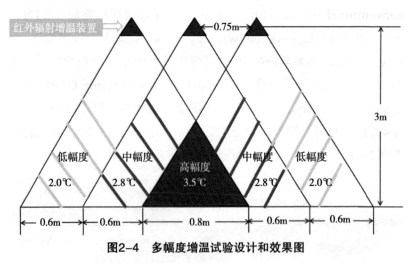

图2-4　多幅度增温试验设计和效果图

2.3　样品采集与测定

增温对土壤有机质和活性有机质的影响研究，采样的深度为0~5 cm和5~15 cm。使用土钻对每个处理的4个重复小区取样。每年取土2~3次，分别为4月、7月和10月。对于耕作方式对土壤有机质影响的分析，每年土壤样品的采集土层分别是0~2.5 cm，2.5~5 cm，5~10 cm，10~20 cm，20~40 cm和40~60 cm 6个土层。各小区分别使用土钻随机采集5个点，混合的土样风干并过2 mm筛后分析其中的SOC和总氮浓度。其中SOC的浓度采用重铬酸钾氧化法测定，总氮采样凯式定氮仪测定。6个土层的土壤容重采集使用固定体积的钢质环刀，通过挖剖面获得。为了避免不同耕作方式下容重不同造成的SOC和总氮储量的差异，采用等质量法进行计算。

土壤呼吸的测定：每个试验小区安置一个 PVC 土壤呼吸环，每个环面积约 80 cm², 高 5 cm。将土壤呼吸环插入地下 2 ~ 3 cm 处。土壤呼吸环摆设的位置为小麦或玉米的行间（图 2-3）。每次测定之前一天，保证环中无任何植物。使用便携式光合仪（Li-cor 6400）连接土壤 CO_2 通量室对土壤呼吸进行测定。测定时，需把通量室放置在土壤呼吸环上 1 ~ 3 min。土壤呼吸每月测定 2 ~ 3 次，每次的测定时间为 9：00—12：00。测定尽量选择在晴天进行，或在雨后及灌溉后三天进行（视降水情况而定，若 3 天后土壤仍出现积水情况，则测定时间顺延）。

土壤温度和水分的测定：在靠近土壤呼吸环的地方，土壤温度和土壤体积含水量分别埋入温度探头（PT100）和水分探头（FDS100，北京联创思源）在地下 5 cm 处长期监测。温度和水分的观测点，每小区各布置一个。每 10 min 各小区的土壤温度和水分情况会被自动记录一次。表 2-1 为增温对地下 5 cm 处一年内日平均温、白天平均温、夜晚平均温、日最高温和日最低温的影响结果（2010 年 7 月 31 日至 2011 年 7 月 31 日）。

冬小麦的相关测定：

冬小麦生育期的观测从返青到收获。每个生育期开始的日期是通过观测当超过 50% 的小麦进入下一个生育期时计算。冬小麦的株高测定是根据随机选取的 20 株小麦的平均高度计算的。在 2010 年和 2011 年小麦季，株高的测定分别从小麦返青后明显开始生长后每 7 天和 5 天测量一次，两年分别是从 3 月 19 日和 3 月 15 日开始的。地上部生物量的测定是在每个小区内随机取 20 株小麦，即每个处理共有 8 个重复，带回实验室后 70℃烘干 48 h 至恒重并称重得到。小麦的结实小穗、不孕小穗、穗数、千粒重和穗粒数均通过人工考种获得。产量均通过每个小区 2 m × 2 m 范围内的小麦（去除采样剩余的，按其面积）产量获得。

表2-1　增温小区微环境的影响

处理	免耕	翻耕
每天土壤温度（℃）	1.09 ± 0.14	1.60 ± 0.30
白天土壤温度（℃）	0.73 ± 0.17	1.51 ± 0.19
夜间土壤温度（℃）	1.34 ± 0.11	1.68 ± 0.20
最大土壤温度（℃）	1.46 ± 0.23	1.01 ± 0.14
最低土壤温度（℃）	1.66 ± 0.23	1.50 ± 0.19
白天灌层温度（℃）	1.29 ± 0.17	
夜间灌层温度（℃）	1.93 ± 0.22	
土壤体积含水量（V/V，%）	1.87	3.84

注：从2010年2月至2011年7月，$P<0.05$

2.4　数据分析

各指标之间的差异显著性分析使用SPSS 11.5（SPSS Inc.，Champaign，IL）进行（$P<0.05$）。土壤各指标属性变化的线性分析和置信区间的计算采用Sigmaplot 10.0软件（Systat Inc.，Chicago，IL）进行分析。土壤呼吸的指数回归分析采用Micsoft Excel 2007进行分析。

第 3 章

增温对作物产量和物候学的影响

3.1 引言

温度是影响作物产量的重要因素之一。在田间开放的条件下模拟气候变暖来研究其对作物产量的影响，有助于预测未来气候变暖条件下粮食作物的供给情况，为保证粮食安全提供科学的参考依据。温度对作物产量有直接和间接的影响。温度的升高会直接加快作物的呼吸作用，消耗更多的底物养分，使得作物淀粉和糖类物质积累量减少；另一方面作物的生育期与作物的产量之间有着密切的联系：比如作物灌浆期缩短必然会导致作物的减产。同时作物的生育期又受到温度的制约。气候变暖会直接造成农作物生长发育时期环境温度的升高，导致作物生育期的提前，进而会影响到作物的产量。

3.2 材料与方法

3.2.1 降水与气温

图3-1为2010年和2011年试验地的降水和气温情况。数据来自距试验地100 m的人工气象站。处理方面，本章中包括：①免耕增温常规灌溉（NTW）；②免耕常温常规灌溉（NTN）；③常规耕作增温常规灌溉（CTW）；④常规耕作常温常规灌溉（CTN）。

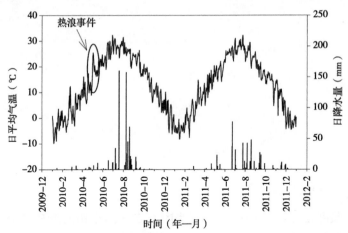

图3-1　2010年和2011年降水量（柱状）和日平均气温（线性）动态情况

3.2.2　红外增温效果评价

在计算增温效果时，需要去除大气下行辐射和作物冠层反射的影响，长波下行辐射的计算根据Tian等（2008）：

$$\sigma(T_1+273.15)^4=\varepsilon_a\sigma(T_{1s}+273.15)^4+(1-\varepsilon_a)L_{DWR} \quad (1)$$

$$\sigma(T_2+273.15)^4=\varepsilon_a\sigma(T_{2s}+273.15)^4+(1-\varepsilon_a)(L_{DWR}+L_{DWR}') \quad (2)$$

其中，σ为Stefan-Boltzmann常数 $[5.67\times10^{-8}\ \mathrm{W/(m^2\cdot K^4)}]$，$L_{DWR}$和$L_{DWR}'$分布代表来自天空和增温设备的长波下行辐射。$T_1$代表冠层没有被增温情况下的冷点温度；$T_{1s}$代表冷点的表观温度；$T_2$代表被增温后冠层的温度；$T_{2s}$代表冠层增温后的表观温度。$T_1$和$T_2$的测定使用辐射率为0.15（$\varepsilon_a$）的铝板进行。$L_{DWR}$大气下行辐射，数据利用离观测点100 m的气象站的测定结果。L_{DWR}'为热红外增温设备的下行辐射。利用公式（1）和（2）可知，L_{DWR}'约为92 W/m²。

$$\sigma（T_3+273.15）^4 = \varepsilon_w\sigma（T_{3s}+273.15）^4 + （1-\varepsilon_w）（L_{DWR}+L_{DWR}'）$$

$$（3）$$

作物冠层的温度用T_3来表示，T_{3s}是作物冠层的表观温度。对于小麦来说，其辐射率（ε_w）为0.98（Tian et al.，2008），于是可以得到去除误差后的增温幅度T_{3s}。

3.3 结果与分析

3.3.1 增温对冠层温度的影响

计算发现，采用热红外增温设备对冬小麦冠层的增温效果在夜晚更为明显，温度平均提高（1.62±0.13）℃；而白天由于受到风的影响，增温幅度约为（0.95±0.19）℃。全天温度平均约上升1.3℃。

3.3.2 增温对小麦生育期和生长的影响

研究发现（表3-1），冬小麦的生育期在2010年和2011年均明显受到增温的影响。在这连续两年中，增温使冬小麦整个生育期分别缩短了6天和11天。增温只影响到了从返青期到拔节期的时间，对其他生育期长度并未产生明显影响。2010年和2011年，增温下小麦返青期到拔节期的时间与常温相比分别提前了6天和11天，与增温对整个小麦生育期提前的时间几乎一致。而增温对其他生育期长度的影响变化在两天以内，其中返青期提前了2天。连续两年之间增温致使生育期缩短的时间有较大差别的可能是由于2010年3—5月温度较低所致。

为了分析这种现象产生的原因，利用禹城站气象站的气温数据，计算了不同处理下小麦各生育期内的平均气温情况。结果表明，由于增温提前了小麦的生育期，同时由于在春季气温呈上升趋势，

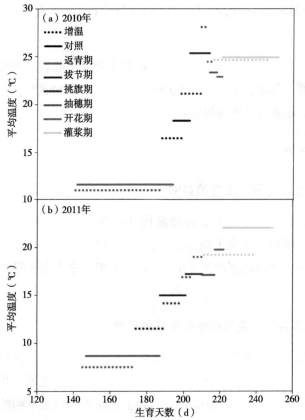

**图3-2 增温对2010年和2011年冬小麦生育期长度和平均温度的影响
（从返青至收获）**

所以在试验的两年增温处理下的小麦各生育期内平均气温通常低于常温处理，其幅度为0.23~4.22℃（图3-2）。除了在2010年5月3—10日出现的"热浪"事件，其他各生育期内增温处理下的平均气温均"低于"常温处理。增温和常温处理下，两季小麦从返青到收获的平均温分别是17.51℃ VS 17.94℃和13.44℃ VS 14.89℃，增温处理下小麦生长季的平均气温分别比常温低了0.43℃和1.45℃。增温处理下的加热效果弥补了这部分的温度差。即虽然增温处理增加了小麦生长环境的温度，但对小麦各生育期的平均温度影响不大。特别是对返青—拔节后的生育期，如挑旗、抽穗、开花、灌浆和成熟期，这些生育期的长度几乎没有发生变化，那么由于生育期提前导致平均温度下降的影响完全由增温来补偿。这也说明了小麦能够通过自身对温度的上升调节在一定程度上降低增温对其生长的影响。

增温不仅缩短了冬小麦的生育期，还促进了作物的长势。由图3-3可见，增温会明显地增加冬小麦的株高。在返青前，虽然增温与常温小区株高方面也有差异，增温小区的小麦株高略高，

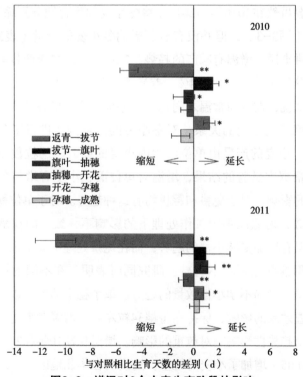

图3-3 增温对6个小麦生育阶段的影响

**和*分别代表P<0.001和P<0.05.

但差异不明显。但在随后的拔节期，增温小区的小麦长势更快，并且株高要显著地高于常温处理下的小区。造成这种现象的原因可能是因为增温使得小麦更快地进入了拔节期，加速生长，形成了与常温间的明显差别。根据2010年和2011年连续两年的结果，这种株高上的差别在小麦的整个生育过程中一直存在。但增温与常温间株高的差别随小麦开花期的临近而逐渐变小。连续两年的增温研究均表明增温会导致小麦的株高显著地增加。

3.3.3 增温对冬小麦产量和地上部生物量的影响

增温虽然在2010年和2011年将冬小麦的生育期分别缩短了6天和11天（图3-3），但并没有显著影响冬小麦的产量（表3-1）。对于免耕来说，增温有减产的趋势，2010年和2011年产量与常温处理相比分别下降3.3%和7.4%，差异不明显（$P>0.05$）。而对于常规耕作来说，增温与常温之间几乎无差别。为了更好地研究小麦产量和温度变化之间的关系，对冬小麦的产量构成进行了分析。通常来说，小麦的产量由单位面积内小麦的穗数、穗粒数以及粒重构成。根据本试验的结果，增温对单位面积小麦有增加分蘖和减少穗数的影响，对于免耕和翻耕均有这种趋势。对于单位穗上的受孕小穗数，增温在不同耕作处理下的影响不一致：即在翻耕处理下，增温有增加受孕小穗的趋势；而在免耕处理下却出现了相反的趋势。但这些差别均不明显。研究同时表明，在不同的耕作处理下，增温有增加不孕小穗数量的趋势。单个穗上的穗粒数，也没有受到增温效果的影响，保持在每穗34粒左右。增温对小麦产量构成的另一个趋势性影响是对粒重的影响，增温在2010年和2011年均显著（$P<0.05$）增加了小麦的粒重。这说明在华北地区，温度的升高只会缩短作物的生育期，特别是拔节期，而对生殖生长期无显著影响，所以对作物的产量不会造成明显的影响。

表3-1 2010年和2011年增温对免耕（NT）和常规耕作（CT）处理下冬小麦产量、产量构成和地上部生物量的影响

处理	分蘖数 （个/m²）	穗数 （穗/m²）	结实小穗 数（个）	不结实小 穗数（个）	穗粒数 （粒）	粒重（mg）	产量 （t/hm²）	地上部生 物量（%）	收获指数 （%）
				2010年					
NTN	916（81）ab	489（28）	16.1（1.9）	1.4（1.0）	35.3（6.5）	36.6（0.1）b	6.0（0.3）bc	10.0（4.1）	53.0
NTW	1 046（82）a	461（25）	15.3（2.3）	1.6（0.8）	34.7（7.4）	37.2（0.1）a	5.8（0.1）c		48.1
CTN	820（93）b	510（33）	15.6（1.7）	1.0（0.9）	34.6（6.1）	36.2（0.3）b	6.3（0.2）ab	13.4（5.2）	51.9
CTW	965（79）ab	486（29）	16.3（1.8）	1.3（1.0）	36.0（4.8）	37.0（0.2）a	6.4（0.0）a		47.7
				2011年					
NTN	1 063（111）bc	511（37）	15.0（2.0）	1.7（1.5）	34.6（6.1）a	37.9（0.0）b	6.6（0.2）	19.6（2.7）	60.2
NTW	1 274（86）a	483（18）	14.7（2.1）	2.7（1.5）	32.1（6.4）b	39.6（0.8）a	6.2（0.4）		48.7
CTN	926（113）c	523（24）	15.2（2.2）	1.4（1.1）	34.3（7.0）a	37.2（0.5）b	6.7（0.2）	16.8（4.0）	59.9
CTW	1 150（113）ab	490（27）	16.2（2.1）	1.3（0.9）	35.0（7.2）a	37.9（0.3）b	6.6（0.6）		51.7

注：同一年同列的结果中不同字母代表差异显著（P<0.05）。

增温增加了冬小麦的株高，而且这种增加的趋势保持到小麦开花以后，即增温会增加小麦地上部秸秆高度。这种对秸秆高度的增加是否会同时增加冬小麦地上部的秸秆生物量？根据表3-1可知，增温对NT和CT两种耕作方式地上部秸秆的影响均表现为正效应。地上部生物量在增温条件下比常温处理提高了10.0%~19.6%。同时，由于产量的变化很小，所以温度的升高也导致了小麦收获指数的下降，降幅在4.2%~11.8%。

3.3.4 多幅度增温对冬小麦生育期的影响

经过2013—2014年对冬小麦进行多幅度增温的研究后发现，多幅度增温会显著缩短冬小麦的生育期，低中高3个增温幅度分别缩短冬小麦总生育期5天、9天和14天。研究中把冬小麦的生育期划分为5个阶段，分别是播种—分蘖、分蘖—返青、返青—拔节、拔节—开花以及开花—成熟。由图3-4可见，5个生育期中播种至分蘖，分蘖至返青以及开花至收获，增温均缩短了作物生长期。特别是分蘖至返青期，中度和高度增温处理下的缩短时间达到24天。而开花至收获，增温对生育期的缩短最小，3个增温幅度缩短的时间分别是1天、2天和4天。同时3个增温处理下，冬小麦从返青至开花时间均被延长。特别是返青至拔节期，延长时间达到近20天。

对各处理下不同生育期内大气温度情况的比较发现，播种—分蘖、分蘖—返青两个生育期内增温措施下的平均气温高于对照，其中播种至分蘖其3个增温措施下气温比对照高出1.81℃；而在随后的3个生育期内，增温措施下的平均气温均低于对照处理，其中在返青至拔节期内低中高3个增温幅度的气温分别比对照低5.1℃、6.8℃和6.9℃。对于整个冬小麦生育期，不增温措施比低中高3个增温处理下的气温分别高出0.4℃、0.8℃和1.2℃。

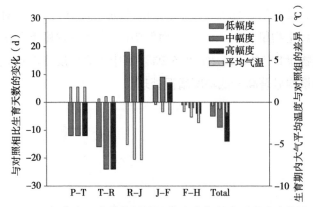

图3-4　低中高三个增温幅度下各生育期长度以及生育期内
大气温度与对照相比的变化情况

（P：播种；T：分蘖；R：返青；J：拔节；F：开花；H：收获；
Total：整个生育期）

3.3.5　多幅度增温对冬小麦地上部及产量的影响

在观测冬小麦从返青至开花株高的变化过程中，发现低中高
3个增温幅度均能够始终显著地促进冬小麦的生长，提高冬小麦株
高（图3-5）。3个增幅幅度间的株高也始终保持高>中>低幅度增
温的顺序。当冬小麦株高达到最高时，即开花期，低中高3个增温
幅度下冬小麦的高度分别达到了77.4 cm、79.9 cm和82.4 cm，与对
照（71 cm）相比分别高出9%、13%和16%。

多幅度增温对冬小麦产量有着极显著的影响（图3-6左）。低
幅度增温与对照相比产量提高了0.2 t/hm²，影响不明显。但中高增
温幅度下冬小麦产量明显下降，每公顷产量分别是4.5 t和3.4 t，与
对照相比分别降低了0.9 t和2 t，达到17%和37%。造成产量大幅度
下降的主要原因是在收获前5月14日的一次降雨后，中高增温措施
下的冬小麦出现倒伏造成的。

　　增温处理后，地上部生物量显著增加（图3-6右）。对照处理下地上部生物量为12.4 t/hm²，而低中高3个增温幅度下分别提高地上部生物量10.5%、26.2%和16.2%。其中中高幅度增温处理下地上部生物量均显著高于低幅度增温处理。

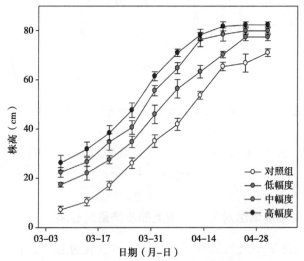

图3-5　低中高增温措施下冬小麦株高的变化情况

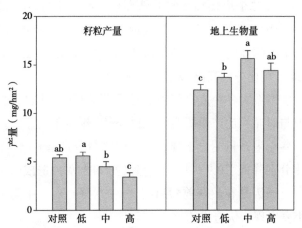

图3-6　多幅度增温对冬小麦产量（左）和地上部生物量（右）的影响

3.4 讨论

3.4.1 气候变暖与小麦生育期

许多作物—气候模型基础的室内试验认为,温度的升高会造成小麦的减产(Sofield et al.,1977;Chowdhury et al.,1978;Batts et al.,1997),模型认为减产幅度为温度每升高1℃减产5%(Lin et al.,2005;Lobell,2007),而对于我国来说,减产达到6%~20%。根据本研究两年的试验结果,增温对于免耕和常规耕作体系下小麦产量虽然是降低,但幅度很小,达不到显著性差别。Hatfield等(2011)综述了气候变化对作物产量的影响。其研究认为气候变暖对小麦产量的负面影响主要是因为,在相同的光合作用背景下,增温会缩短小麦的生育期,从而减少小麦的干物质积累。但根据笔者的研究,增温对小麦生育期的缩短出现在小麦的营养生长阶段,只缩短了返青到拔节的时间,而对其他的生育阶段长度几乎没有影响。Liu等(2009b)分析了我国华北地区25年来气候变化对小麦产量的影响。研究人员发现,该地区平均温度的上升并没有造成预测中的大幅度减产,并把造成这种现象的原因归结为作物品种的改变。前人实验室内的研究通常在恒定的环境温度下,增加温度来达到模拟气候变暖的情况。但这种办法不能够模拟周围环境温度的变化。根据图3-2和图3-3可知,由于增温提前了小麦的生育期,使得增温与不增温小区相比同一生育期内的环境空气温度变得更低。按照作物在获得足够热量后会自动进入下一个生长季的理论,增温小区增加的热量会补偿这部分应该来自环境的热量,所以增温小区各生育期内的较低的平均温度并没有延长各生育期的长度。所以,本研究认为在一定范围的增温,只会导致小麦各生育期的提前,而不是缩短。所以,这种程度的温度上升对小麦生长带来的可能是负面影响,可以被小麦自身对环境变化的适应性所抵消。在同样的开放式增温条件下，Ottman等（2012）和张彬等（2010）分别发现了增温不会影响和增加小麦产量的结果。而White等（2011）也发现，开放式增温条件下小麦的生育期若利用以前的作物—环境模型（CSM-CROPSIM-CERES）模拟会出现较大的误差，而误差的来源就是温度对小麦生育期的影响。

　　小麦分蘖数增加与穗数降低之间有着必然的联系。根据Donald（1968）提出的理想模型，小麦分蘖增加会增强小麦蘖生长和穗形成之间的养分和能量竞争，会造成单位面积小麦穗数的降低。同时我们发现穗粒重的增加，这可能也是由于穗数减少带来的。根据Patil等（2010）报道的土壤增温对小麦影响的研究，同样发现土壤的增温会导致小麦单位面积内穗数的降低和穗粒重的增加，同时产量几乎没有变化。另一个在我国江苏省进行的野外增温研究发现，增温会增加小麦的粒重（田云录等，2011）和高达18.3%的产量（张彬等，2010）。粒重的增加可以部分抵消来自穗数降低导致产量下降的负面影响，这个结果对于进一步研究合适的品种来适应气候变化有着重要的意义。这些结果与本研究结果类似，但与室内的增温试验发现的增温造成产量下降和粒重下降的研究结果相反。这种差异可能主要是由于两方面的原因造成的：①室内研究通常是先在同一温度下将小麦培养到开花期（Sofield et al.，1977；Chowdhury et al.，1978；Prasad et al.，2008）后再在不同的温度培养进行研究，而野外增温试验是对整个生育期加热，考虑了增温对小麦开花期前的影响；②室内试验的温度通常是恒定的，而野外试验的环境温度是在自然背景的基础上增温，更接近自然条件下小麦生长的温度环境。

3.4.2　气候变暖与小麦地上部生物量

　　有研究表明，增温特别是夜间温度的升高会促进作物体内底物的分解，造成作物减产（Peng et al.，2004）。根据本研究结果，发现增温会促进灌溉农田的地上部生物量积累。这个结果与前人在草地生态系统的研究相似（Luo et al.，2001；Wan et al.，2005）。Wan等（2007）发现，夜间增温虽然促进植物夜间叶片的呼吸，增加了植物体内物质的消耗，但仍然增加了地上部的生物量。研究人员进一步发现，作物具有光合作用补偿效应，即由于增温而增加的夜间叶片呼吸消耗，会在第二天通过光合作用的增加而进行补偿。结果是增温处理下的植物在白天通过光合作用形成的糖类和淀粉物质更高。本研究中增温促进作物地上部生物量增加的现象也可以利用这个理论来解释。以上结果说明，在对作物产量几乎无影响的前提下，增加秸秆生物量即增加了冬小麦的地上部生物量，也就是增强了冬小麦的固碳能力。这对于农田生态系统在气候变化背景下固碳潜力的研究有着重要的意义。

3.4.3　气候变暖与冬小麦产量

经过5年的连续观测发现，在华北灌溉平原，低幅度增温（1.5℃）措施对冬小麦产量有不显著的增加作用，增加幅度为1%~3%，这与目前普遍认可的增温导致作物产量下降的结果相反。其原因是增温对冬小麦产量构成的改变造成的。小麦的产量由单位面积内穗数、穗粒数和粒重决定的。根据表3-1，增温对各处理下的穗粒数的影响不明显，但会显著增加粒重和减少单位面积的穗数和结实小穗数。根据Donald（1968）理想株型的理论，假设单位面积内穗数的减少会促进发育中和未发育完全结实小穗的发育，进而导致单个穗粒重的增加。即增温虽然减少了冬小麦成穗数，但由于没有缩短生殖生长期以及对冬小麦的生长产生负面影响，所以在生殖生长期内单位穗获得的能量和物质就比不增温措施下的要多，进而提高了冬小麦的粒重，达到增产的效果。另一个利用红外增温的开放式田间试验也发现增温会增加小麦的千粒重（张彬等，2010）。

本研究首次利用多幅度增温方式发现，在增温幅度超过1.5℃后，冬小麦株高在增温的促进下会持续增加进而造成倒伏现象，并大幅度降低产量。造成这种现象的原因一方面是增温持续地增加冬小麦株高；另一方面是增温导致冬小麦秸秆变脆，使得冬小麦更易于倒伏。而前人的研究中，对气候变暖背景下冬小麦产量的变化，通常是通过温度升高对冬小麦体内物质循环过程，冬小麦生长和水分以及CO_2浓度变化的影响来研究的。而对于增温导致冬小麦倒伏造成的产量大幅度下降还鲜有关注。根据IPCC（2013）第5次评估报告，认为我国华北地区到2100年增温幅度达到4.2℃，比本研究中的高幅度增温仍高出0.7℃。根据本研究，在灌溉地区水分充足的情况下，温度升高超过1.5℃就会出现倒伏情形。基于此，我们认为在预测气候变暖对冬小麦产量影响时需要考虑小麦倒伏情形对产量带来的负面影响。在未来需要进一步研究冬小麦倒伏的成因，以及选育适应温度升高的品种。

3.5 本章小结

综上，本研究认为，在增温的背景下，温度的升高会提前冬小麦的生育期，使得生殖生长期处于相对"低温"环境，能够抵消部分气候变化带来的负面影响。同时增温会促进作物地上部生物量的积累，使得农田生态在气候变暖的背景下具备从大气中固持更多碳素的潜力。气候变暖对作物产量的影响主要来自单位面积内的小麦分蘖、穗数和粒重，而来自生育期的影响是很小的。

但是当增温超过1.5℃以后，增温会导致冬小麦株高持续增加并倒伏，大幅度降低冬小麦产量。该现象还是首次被发现，为避免该现象的出现，需要对此现象进行进一步的研究和预防。

第4章

增温与农田土壤呼吸

第八章

4.1 引言

研究表明，温度升高会促进土壤有机质分解，而气候变暖会促使生态系统由碳汇向碳源转变（Piao et al.，2008）。土壤呼吸是农田生态系统碳交换的重要组成部分，代表了来自土壤表面的CO_2释放。土壤呼吸主要来自微生物对土壤有机质分解时产生的呼吸和作物根系产生的根际呼吸及它们的结合（Kuzyakov，2006）。即土壤呼吸主要来自微生物和作物根系，它们均受到气候和水分的影响，所以导致土壤呼吸也容易受气候变化影响的敏感指标。研究表明，土壤呼吸的通量即使略有变化，也会对大气中温室气体的变化产生巨大的增加或缓解的影响（Cramer et al.，2001）。因此，掌握土壤呼吸对于温度上升的响应对于合理评价气候变化的影响有着重要的意义。本试验考虑了温度和耕作措施两个驱动因子，并依据土壤呼吸的组成将微生物呼吸从土壤呼吸中分离，来研究土壤呼吸及其组分对温度上升的影响。

4.2 材料与方法

如第2章所述。

4.3 结果与分析

4.3.1 增温对土壤温度和水分的影响

首先，监测了3年来（2010—2012年）不同处理下土壤温度的变化情况（图4-1）。结果表明，土壤温度的变化随着年季气温的升降而变化，每年呈现单峰规律。每年的最高温通常出现在7月底8月初；最低温则出现在1月中旬。增温措施对翻耕和免耕土壤在全年均表现出增温效果。但增温幅度在每年12月至翌年2月更为明显。

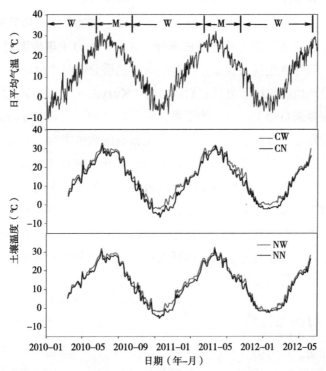

图4-1　2010年2月至2012年6月各处理下土壤温度的变化情况

（CN：翻耕不增温；CW：翻耕增温；NN：免耕不增温；NW：免耕增温）

　　比较对照处理的翻耕和免耕，结果表明，在研究的三年中翻耕措施下土壤5 cm处平均温度略高于免耕，分别是12.2℃和11.8℃。增温后，土壤温度明显提高。增温显著增加翻耕和免耕措施下土壤温度2.1℃和1.5℃。其中小麦季增温效果与玉米季相比更为明显。对于翻耕，小麦季和玉米季分别增温2.2℃和1.9℃，对于免耕两者的增温效果分别为1.6℃和1.4℃。在研究的3个小麦季和玉米季中，最高温均在翻耕增温处理下被观测到。由于增温对两种耕作措施下土壤温度的增加不一致，导致增温后免耕和翻耕间温度的差异也产生了变化（表4-1）。分析发现，增温导致翻耕与免耕间土壤温度的差异从0.3℃扩大至0.9℃。

表4-1　各处理在各个生长季及整个研究期间5 cm处土壤温度的均值和变化（ΔT）情况

处理	2010		2011		2012	2010—2012	ΔT 组内	ΔT 组间
	小麦	玉米	小麦	玉米	小麦			
NW	17.0 (2.6)b	24.5 (2.3)ab	17.3 (1.5)b	23.1 (2.4)a	13.2 (1.6)b	17.5 (2.1)c	-1.9 $P<0.001$	-1.4 $P<0.001$
NN	19.0 (1.8)a	26.0 (1.3)a	19.2 (0.9)a	24.3 (2.4)a	15.3 (1.7)a	19.3 (1.6)a		-0.5 $P=0.02$
CW	15.4 (0.8)b	22.9 (2.5)b	15.0 (0.9)c	21.0 (1.5)b	13.0 (0.9)b	16.1 (1.3)d	-2.6 $P<0.001$	
CN	18.4 (1.5)a	25.1 (2.0)a	17.9 (1.6)a	23.0 (1.9)a	15.6 (0.9)a	18.8 (1.4)b		

　　注：每列中不同字母表示显著性差异（$P<0.05$）；CN：翻耕不增温；CW：翻耕增温；NN：免耕不增温；NW：免耕增温。

　　与土壤温度主要受到季节影响相比，土壤水分的变化受到灌溉和降水的影响（图4-2）。通过3年的观测，我们发现本研究地区土壤含水量的最低值通常出现在每年的6月，而最高值出现在每年的8月。

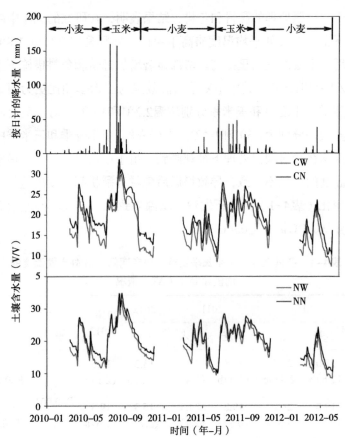

图4-2 日降水量与各处理下土壤体积含水量的变化情况（每年3—11月）

（CN：翻耕不增温；CW：翻耕增温；NN：免耕不增温；NW：免耕增温）

在整个观测过程中，不增温处理下免耕土壤含水量显著高于翻耕，分别为0.193 m³/m³和0.188 m³/m³（表4-2）。增温导致土壤水分明显下降，但土壤含水量仍是免耕处理高于翻耕，分别为0.175 m³/m³和0.161 m³/m³。增温对翻耕造成更多的土壤水损失，与增温前相比，翻耕和免耕土壤体积含水量分别降低了0.026 m³/m³和0.019 m³/m³。这也造成增温后翻耕与免耕土壤含水量之间的差异变大，从0.005 m³/m³增加至0.014 m³/m³。与增温对土壤温度的影响相似，增温对土壤水分的影响在翻耕措施下更为明显。

表4-2　各处理在各个生长季及整个研究期间0～10 cm土壤体积含水量
（m³/m³）的均值和变化（ΔT）情况

处理	2010		2011		2012	2010—2012	ΔT 组内	ΔT 组间
	小麦	玉米	小麦	玉米	小麦			
NW	17.0 (2.6)b	24.5 (2.3)ab	17.3 (1.5)b	23.1 (2.4)a	13.2 (1.6)b	17.5 (2.1)c	−1.9 $P<0.001$	−1.4 $P<0.001$
NN	19.0 (1.8)a	26.0 (1.3)a	19.2 (0.9)a	24.3 (2.4)a	15.3 (1.7)a	19.3 (1.6)a		−0.5 $P=0.02$
CW	15.4 (0.8)b	22.9 (2.5)b	15.0 (0.9)c	21.0 (1.5)b	13.0 (0.9)b	16.1 (1.3)d	−2.6 $P<0.001$	
CN	18.4 (1.5)a	25.1 (2.0)a	17.9 (1.6)b	23.0 (1.9)a	15.6 (0.9)a	18.8 (1.4)b		

注：同一列不同字母代表显著性差异（$P<0.05$）；CN：翻耕不增温；CW：翻耕增温；NN：免耕不增温；NW：免耕增温。

4.3.2　增温对小麦季土壤呼吸的影响

根据图4-3可知，本研究中土壤呼吸在三年的研究中其速率变化为9.75～0.35 μmol/（m²·s），其中最高和最低值均出现在2010年。不同年份间极值出现的时间可能不同，2010年和2011年最高值均出现在7月，而最低值分别出现在3月和11月。通过三年的数据，发现土壤呼吸的速率与作物生长密切相关，小麦和玉米生长季的中部往往是该生育期内土壤呼吸速率顶峰的时期。通过比较增温与常温间土壤呼吸的差异，连续三年发现两者的差异在每年3—6月最为明显。增温处理下的土壤呼吸速率与常温相比在这个阶段虽然均为"单峰"变化过程，但两者间存在"延迟现象"。即增温处理下的土壤呼吸速率比常温下的更早达到峰值，而后更早地下降。这种延迟现象在免耕和翻耕措施下均可以观测到。

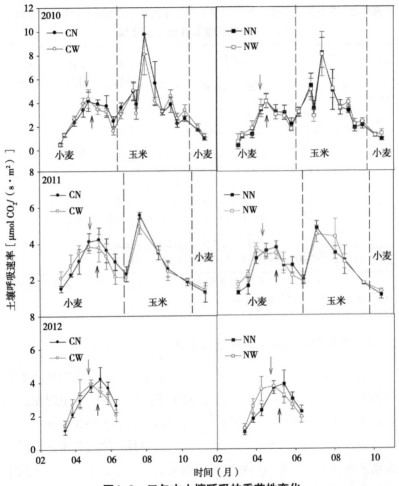

图4-3　三年中土壤呼吸的季节性变化

（CN：翻耕不增温；CW：翻耕增温；NN：免耕不增温；NW：免耕增温）

通过影响土壤呼吸的要素进行相关性分析（表4-3），发现增温对小麦（P=0.498）或玉米季（P=0.757）内土壤呼吸的变化均无显著性影响。增温与耕作（W×T）或年季（W×Y）以及它们的三因素结合对土壤呼吸均无明显影响。但耕作和采样年对冬小麦季土壤呼吸均显著影响。对于玉米，耕作对土壤呼吸的影响同样不明显（$P=0.808$）。增温对小麦和玉米季土壤温度变化的影响均为显著，水分方面只有在小麦季受到增温的影响。

表4–3　小麦和玉米季增温（W）、耕作方式（T）和年季（Y）对土壤呼吸（SR）、土壤温度（ST）及水分（θ）的影响

变化源	小麦			玉米		
	SR	ST	θ	SR	ST	θ
W	0.498	<0.001	0.005	0.757	<0.001	0.069
T	0.008	0.064	0.656	0.808	0.072	0.412
Y	0.009	<0.001	<0.001	0.048	0.019	0.082
W×T	0.441	0.240	0.548	0.637	0.262	0.993
W×Y	0.994	0.129	0.979	0.862	0.302	0.860
T×Y	0.614	0.133	0.656	0.563	0.210	0.913
W×T×Y	0.993	0.522	0.974	0.998	0.156	0.971

4.3.3　增温下不同耕作措施处理的土壤碳排放

根据表4-4结果说明，增温对免耕和翻耕处理下总土壤碳排放的影响是不同的。在研究的3个小麦和2个玉米季过程中，总碳排放的顺序是一致的：CN>CW>NW>NN。增温降低了翻耕处理下2.7%的CO_2排放量，但在免耕措施下增加了3.9%。比较两种耕作措施，翻耕在小麦和玉米季均比免耕排放更多的CO_2。对于常温措施，免

耕比翻耕少排放11.7%的CO_2。但由于增温对免耕碳排放的促进作用和对翻耕碳排放的抑制作用，增温后两者间的差异降至4.7%。

表4-4　各处理在三年中小麦季、玉米季及全年的土壤CO_2排放情况
$[g\ CO_2–C/(m^2 \cdot 年)]$。

处理	2010年		2011年		2012年	2010年	2011年	2012年
	小麦	玉米	小麦	玉米	小麦	年度（小麦+玉米）		
CN	394 ± 31a	531 ± 47	425 ± 28a	355 ± 35	313 ± 21	925 ± 75	781 ± 62	313 ± 21
CW	390 ± 26a	505 ± 33	417 ± 24ab	344 ± 23	307 ± 27	895 ± 57	761 ± 48	307 ± 27
NN	332 ± 29b	489 ± 44	369 ± 27b	340 ± 30	279 ± 38	821 ± 58	709 ± 56	279 ± 38
NW	343 ± 20b	499 ± 37	381 ± 25ab	362 ± 45	291 ± 27	841 ± 52	743 ± 68	291 ± 27

注：同一列中不同字母代表显著性差异（$P<0.05$）；CN：翻耕不增温；CW：翻耕增温；NN：免耕不增温；NW：免耕增温。

4.4　讨论

本研究首次定量地对增温背景下免耕和翻耕的土壤呼吸和土壤碳排放进行了对比研究。与前期的区域尺度发现增温会显著促进土壤呼吸的结果不同，本研究发现增温对冬小麦—夏玉米农田免耕或翻耕处理下土壤呼吸并没有显著的影响。Zhou等（2006）也发现增温对草原土壤呼吸在某些年份促进作用不明显。本研究中，两个因素可能限制了增温对土壤呼吸的促进作用。首先，灌溉农田与其他生态系统相比，有着稳定的水分供应，极少出现缺水状况。Wan等（2007）认为增温导致水分减少导致能力平衡的变化。高土壤水分导致更多的热能通过蒸发而损失，降低了增温对土壤的影响。增温

效果与土壤水分含量之间存在明显的负相关关系。因此，在本研究地区，灌溉会减弱增温对土壤温度的升高效果，同时也降低增温对土壤呼吸的促进作用。另一个原因可能是因为农田土壤表土层土壤有机质含量偏低。Zhou等（2006）在对草地的研究中，将增温对草地土壤呼吸影响不明显的原因归于草地较低的SOC含量。在笔者的研究区域，免耕土壤有机碳含量低于1.5%，这个值比草地和森林的土壤有机碳含量均低。

本研究发现了增温与对照间土壤呼吸在每年3—6月存在明显的"滞后"现象。增温与对照处理下冬小麦生育期内土壤呼吸的变化规律相一致，但增温处理下土壤呼吸的变化规律比对照要提前，即对照处理出现滞后。根据土壤呼吸和土壤含水量之间的关系，滞后现象可能是由于土壤干湿交替造成的。即土壤水分下降后，由于灌溉造成土壤呼吸的瞬间增加。在本研究中，增温导致土壤含水量下降更为明显，可能出现类似情况。Luo等（2001）在草地的增温试验中观测到增温与对照间土壤呼吸类似的"滞后现象"。该研究人员将这种现象利用有机质分解者——微生物的试验性来进行解释。在本研究中，笔者认为这种"滞后现象"可能是由于冬小麦的生育期提前造成的。根据土壤呼吸的组成，根呼吸是土壤呼吸的重要组成部分。通常来说，根呼吸对总土壤呼吸的贡献为30%～40%。根据结果，笔者发现小麦季土壤呼吸的强度随着冬小麦根系的发展而发生变化，与生育期的变化密切相关。即在小麦开花前，土壤呼吸的强度是逐渐增加的，并在开花期达到小麦季的最高值；随后在小麦进入生殖生长期以后，土壤呼吸随之下降。增温和对照处理均发现了类似的变化规律。根据前面的研究，增温会提前冬小麦的生育期。在2010年和2011年分别提前了6天和11天，而在2012年提前了9天。这种生育期的变化能够导致来自根际的CO_2更早达到峰值。

相对于翻耕，免耕被认为会减少土壤碳素的排放。研究认为耕作会打破土壤结构，加速作物残茬与土壤的结合，促进其分解并增加土壤CO_2的排放。免耕由于将秸秆保留在土壤表层，减少了秸秆与土壤的结合，并能够降低土壤温度，这些都能够限制秸秆的分解。在本研究中，发现了类似的结果，与翻耕相比，免耕能够降低11.7%的CO_2排放。在2010年和2011年，两者的碳排放差别分别是104、72 g CO_2-C/（m^2·年）。

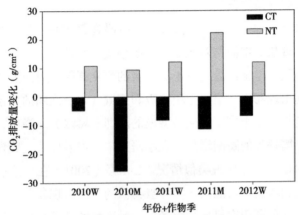

图4-4　增温导致连续5个生长季中免耕（NT）和翻耕（CT）
措施下土壤CO_2排放的变化

（横坐标中2010、2011、2012代表年份，W代表小麦季，M代表玉米季）

但是翻耕和免耕措施下土壤碳排放对增温的响应却是相反的。根据图4-4可知，增温在连续的5个生长季中均促进了免耕措施下土壤碳的排放，而限制了翻耕处理下土壤碳的排放。这个结果导致免耕处理下土壤CO_2排放量仅比翻耕措施下低4.7%。

不同耕作措施下土壤碳排放对增温响应差别可能来自土壤水分。土壤呼吸对土壤水分的变化是非常敏感的，通常来说，水分越高，土壤呼吸强度越大。增温通过增加蒸腾作用降低土壤水分。前人的研究结果认为，低含水量会减慢土壤中可溶性底物的分散过程，并降低土壤有机质分解所需的细胞外酶的活性，进而降低微生物呼吸作用。这些研究可以部分解释连续5个生长季中翻耕和免耕土壤碳排放对增温相反的响应。因为本研究中，翻耕措施下土壤含有明显低的土壤含水量和显著高的土壤温度。

增温对土壤呼吸的影响是自养呼吸和异养呼吸达到的一个新平衡。Li等（2013）通过三年的试验发现，增温没有影响草地生态系统土壤碳的排放，但增温显著降低了自养呼吸，而增加了异养呼吸。在本研究中，笔者发现增温显著增加了作物地上部生物量，达到10%~20%，这也意味着增温会在小麦季促进该地区的土壤自养呼吸。

4.5 本章小结

通过田间关于增温对冬小麦影响的试验，得到以下初步结论。

（1）增温会扩大免耕和翻耕措施下土壤温度及土壤含水量之间的差异。增温对翻耕影响更为明显，与免耕相比，翻耕措施下土壤温度升高更多，土壤含水量也下降更为明显。

（2）冠层增温1.5℃对我国华北灌溉农田土壤碳排放总量不会有明显的影响，该地区土壤碳排放主要受到耕作措施和年季的控制。

（3）温度升高对不同耕作措施下土壤碳排放影响不同：对翻耕措施表现为抑制，对免耕表现为促进。造成这种现象的原因一方面是由于增温导致翻耕土壤含水量下降更为明显，另一方面是免耕处理下土壤活性碳组分含量更高，更容易受到增温的促进作用。

第 5 章

结论与展望

5.1 主要结论

本报告基于在长期保护性耕作试验平台建立的控制实验，利用位于我国华北平原山东禹城综合试验站的气象数据和田间控制试验中得到的研究数据，分析了温度升高对华北灌溉农田冬小麦生长和产量的影响，以及不同耕作方式下土壤碳排放对温度升高的响应过程，得到了以下原创性的结论。

（1）冬小麦通过调整生育期来适应低幅度增温。连续5年的增温研究发现低幅度增温（土壤温度升高2℃）对冬小麦产量无明显影响，但对于地上生物量有增加效果。增温缩短了小麦的整个生育期长度，但缩短的时间主要来自于返青至拔节期，对各个生育阶段均有所提前。但对关键生育期如开花、灌浆期长度几乎无影响。这些结果说明，小麦对于温度升高具有一定的适应作用，会通过自身生育期的调节来抵消温度升高带来的影响。但产量方面穗数的减少和穗粒的增大是温度升高对小麦产量因素影响的表现。

（2）中高幅度增温导致冬小麦倒伏和大幅度减产。多幅度增温试验结果表明，中高幅度增温（土壤增温分别达到2.8℃和3.5℃）会持续促进研究区内冬小麦株高增加，使得在冬小麦的生育末期易发生倒伏现象，进而造成冬小麦产量大幅度下降，最高减产达37%。造成倒伏的原因与温度升高导致的株高过高密切相关，而由此造成的产量大幅度下降目前还鲜有相关报道，需要在预测冬小麦对气候变化响应时得到重视。

（3）增温促进免耕措施下土壤碳排放。本研究通过三年的田间观测发现，与传统翻耕相比，增温会促进免耕措施下土壤碳的排放，而限制翻耕措施下的碳排放。造成这种现象的主要原因一方面是免耕措施下土壤碳与翻耕相比更集中在易受气候变化影响的土壤表层；另一方面是翻耕措施下土壤水分下降更为明显，一定程度上对土壤有机质分解产生了限制作用。所以今后在评价免耕措施对土壤碳的固持作用和对气候变暖的响应时，需要考虑气候变暖对不同耕作措施本身的影响。

5.2　展望

通过农田生态尺度的研究，本研究在一年两季灌溉农田关于耕作方式对土壤碳库影响和农田生态系统碳循环对气候变暖响应方面取得了一些创新性的结果和进展。但本研究由于以野外控制试验为主，考虑到生态系统碳循环和农作物对气候变暖响应是涉及到多尺度、交互作用的长期影响过程，而本研究还处于比较粗浅的阶段，有些现象还无法很好地得到解释。基于本研究中存在的不足和缺陷，可以在今后的研究中进行相应的补充和完善。

（1）气候变化多因子之间的交互影响。对于农田来说，全球气候变化的多因子包括CO_2浓度增加、温度升高、降水变化等多方面的影响，研究多因子之间的交互影响有助于进一步准确预测气候变化对农田生态系统碳循环的影响。单一因子的研究结果可能不能满足人们在预测气候变化影响的需求，而逐渐失去研究意义。本试验主要关注了不同耕作模式下，温度升高、灌溉增加之间的交互影响，没有涉及其他因子，需要开展进一步的研究进行补充。

（2）气候变化的长期性和试验研究的短期性。世界范围的野外试验通常是短期的，有其局限性。土壤有机质的周转时间，特别是难分解的固持在土壤中的有机质通常需要长时间的沉积。而气候变化对于土壤有机质的分解也是长期性的，而且会通过植物根系、土壤水分和微生物活性等间接地调节。因此，需要进一步对土壤有机质的变化进行详细分析，找到不同因子对其不同组分变化的影响力。

（3）气候变化与作物。研究结果表明，温度的升高会促进农作物地上部的增加，比如株高增加、秸秆重量增加。对于小麦产量，研究发现增温并没有影响小麦的生殖生长期，但对于产量的构成如穗数和穗粒重都有着明显的影响。到底气候变化对小麦产量构成的影响因素是怎样的？还需要进一步通过分析碳素在农田生态系统中的分配以及小麦自身生理特性对气候变化的响应才能得到。

（4）本研究属于创新性和尝试性的试验，目前关于生态系统对气候变暖响应的研究，可借鉴的主要是草地和森林生态系统。但农田生态系统与森林和草地生态系统不同，特别是在每年两季作物的华北地区，每年两次的播种与收获使得农田受人为影响因素较大，也就大大增加了试验结果的不确定性，但这也是农田生态系统客观存在的现象，需要在今后的研究中得到充分的考虑。

参考文献

黄昌勇，2000.土壤学[M]. 北京：中国农业出版社，44-46.

牛书丽，韩兴国，马克平，等，2007.全球变暖与陆地生态系统研究中的野外增温装置[J].植物生态学报，31（2），261-272.

唐晓红，邵景安，高明，等，2007.保护性耕作对紫色水稻土团聚体组成和有机碳储量的影响[J]. 应用生态学报，18（5）1027-1032.

田云录，陈金，邓艾兴，等，2011.非对称性增温对冬小麦籽粒淀粉和蛋白质含量及其组分的影响[J]. 作物学报，37（2）：302-308.

王清奎，汪思龙，冯宗炜，等，2005. 土壤活性有机质及其与土壤质量的关系[J]. 生态学报，32（3），513-519.

许信旺，潘根兴，汪艳林，等，2009.中国农田耕层土壤有机碳变化特征及控制因素[J]. 地理研究，28（3）：601-612.

张彬，郑建初，田云录，等，2010. 农田开放式夜间增温系统的设计及其在麦稻上的试验效果[J]. 作物学报，36（4）：620-628.

Angers D A，Bolinder M A，Carter M R，E G，et al.，1997. Impact of tillage practices on organic carbon and nitrogen storage in cool，humid soils of eastern Canada. Soil Till. Res.，41：191-201.

Aronson E L，McNulty S G，2009. Appropriate experimental ecosystem warming methods by ecosystem，objective，and practicality[J]. Agric. Forest Meteorol.，149：1791-1799.

Baker J M, Ochsner T E, Venterea R T, et al., 2007.Tillage and soil carbon sequestration: What do we really know?[J]. Agric. Ecosyst. Environ., 118: 1-5.

Ball-Coelho B R, Roy R C, Swanton C J, 1998. Tillage alters corn root distribution in coarse-textured soil[J]. Soil Till. Res., 45: 237-249.

Batts G R, Morison J K L, Ellis R H, et al., 1997. Effects of CO_2 and temperature on growth and yield of crops of winter wheat over four seasons[J].Developments in Crop Science, 25: 67-76.

Belay-Tedla A, Zhou X, Su B, et al., 2008. Labile, recalcitrant, and microbial carbon and nitrogen pools of a tallgrass prairie soil in the US Great Plains subjected to experimental warming and clipping[J]. Soil Biol. and Biochem., 41: 110-116.

Bessam F, Mrabet R, 2003.Long-term changes in soil organic matter under conventional tillage and no-tillage systems in semiarid Morocco[J]. Soil Use Manage., 19: 139-143.

Chowdhury S, Wardlaw I, 1978.The effect of temperature on kernel development in cereals[J]. Aust. J. Agr. Res., 29: 205-223.

Christopher R Lal, Mishra U, 2009.Regional study of NT effects on carbon sequestration in the Midwestern United States[J]. Soil Sci. Soc. Am. J., 73: 207-216.

Cole C, Duxbury J, Freney J, Heinemeyer O, et al., 1997. Global estimates of potential mitigation of greenhouse gas emissions by agriculture[J]. Nutr. Cycl. Agroecosyst., 49: 221-228.

Cramer W, et al., 2001.Global response of terrestrial ecosystem structure and function to CO_2 and climate change: Results from six dynamic global vegetation models[J].Glob. Change Biol., 7: 357–374.

Davidson E A, Janssens I A, 2006.Temperature sensitivity of soil carbon decomposition and feedbacks to climate change[J]. Nature, 440: 165–173.

Donald C, 1968. The breeding of crop ideotypes. Euphytica, 17: 385–403.

Dorrepaal E, et al., 2009. Carbon respiration from subsurface peat accelerated by climate warming in the subarctic[J]. Nature, 460: 616–619.

Du Z, Ren T, Hu C, 2010.Tillage and residue removal effects on soil carbon and nitrogen storage in the North China Plain[J]. Soil Sci. Soc. Am. J., 74: 196–202.

Fang C, Smith P, Moncrieff I B, et al., 2005.Similar response of labile and resistant soil organic matter pools to changes in temperature[J]. Nature, 433: 57–59.

Hartley I P, Hopkins D W, Garnett M H, et al., 2008. Wookey. Soil microbial respiration in arctic soil does not acclimate to temperature[J]. Ecology Letters, 11: 1092–1100.

Hatfield J L, Boote K J, Kimball B A, et al., 2011. Climate impacts on agriculture: implications for crop production[J]. Agron. J., 103: 351–370.

Houghton H T, et al., 2001.Intergovernmental Panel on Climate Change, Climate Change 2001: The Scientific Basis[M]. Cambridge Univ. Press, New York, USA.

Kay B D, VandenBygaart A J, 2002. Conservation tillage and

depth stratification of porosity and soil organic matter[J]. Soil Till. Res., 66: 107-118.

Kennedy A D, 1994. Simulated Climate Change: A Field Manipulation Study of Polar Microarthropod Community Response to Global Warming[J]. Ecography, 17: 131-140.

Kirschbaum M U F, 1995.The temperature dependence of soil organic matter decomposition and the effect of global warming on soil organic carbon storage[J]. Soil Biol. Biochem., 27: 753-760.

Kuzyakov Y, 2006. Sources of CO_2 from soil and review of partitioning methods[J]. Soil Biol. Biochem., 38: 425-448.

Lal R, 2004. Soil Carbon Sequestration Impacts on Global Climate Change and Food Security[J]. Science, 304: 1023.

Li D, Zhou X, Wu L, et al., 2013. Contrasting responses of heterotrophic and autotrophic respiration to experimental warming in a winter annual-dominated prairie[J]. Glob. Change Biol., 19: 3553-3564.

Lin E, Xiong W, Ju H, et al., 2005. Climate change impacts on crop yield and quality with CO_2 fertilization in China[J]. Philos. T. R. Soc. B., 360: 2149-2154.

Liu S, Mo X, Lin Z, et al. , 2010. Crop yield response to Climate Change in the Huang-Huai-Hai Plain of China[J]. Agric. Water Manage., 9: 1195-1209.

Liu W, Zhang Z, .Wan S, 2009a. Predominant role of water in regulating soil and microbial respiration and their responses to climate change in a semiarid grassland[J]. Glob. Change Biol., 15: 184-195.

Liu Y, Wang E, Yang X, et al., 2009b. Contributions of climatic and crop varietal changes to crop production in the North China Plain, since 1980s[J]. Glob. Change Biol., 16: 2287-2299.

Lobell D B, Field C B, 2007.Global scale climate-crop yield relationships and the impacts of recent warming[J]. Environ. Res. Lett., 2: 014002.

Luo C Y, Xu G, Wang Y, et al., 2009. ffects of grazing and experimental warming on DOC concentrations in the soil solution on the Qinghai-Tibet Plateau[J]. Soil Biol. Biochem., 41: 2493-2500.

Luo Y, Wan S, Hui D, et al., 2001. Acclimatization of soil respiration to warming in tall grass prairie[J]. Nature, 413: 622-625.

Machado P L O A, Sohi S, Gaunt J, 2003. Effect of no-tillage on turnover of organic matter in a Rhodic Ferralsol. Soil Use Manage., 19: 250-256.

McLauchlan K K, Hobbie S E, 2004. Comparison of Labile Soil Organic Matter Fractionation Techniques[J]. Soil Sci. Soc. Am. J., 68: 1616-1625.

Melillo J M, Steudler P A, Aber J D, et al., 2002. Soil warming and carbon-cycling feedbacks to the climate system[J]. Science, 298: 2173-2176.

Novak J M, Bauer P J, Hunt P G, 2007.Carbon Dynamics under Long-Term Conservation and Disk Tillage Management in a Norfolk Loamy Sand[J]. Soil Sci. Soc. Am. J., 71: 453-456.

Ottman M J, Kimball B A, White J W, et al., 2012.Wheat Growth Response to Increased Temperature from Varied Planting Dates and Supplemental Infrared Heating[J]. Agron. J., 104:

7-16.

Patil R H, Laegdsmand M, Olesen J E, et al., 2010. Growth and yield response of winter wheat to soil warming and rainfall patterns[J]. The Journal of Agricultural Science, 148: 553-566.

Peng S, Huang J, Sheehy J E, et al., 2004. Rice yields decline with higher night temperature from global warming[J]. Proc. Natl. Acad. Sci. USA, 101: 71-75.

Piao S, Ciais P, Friedlingstein P, et al., 2008. Net carbon dioxide losses of northern ecosystems in response to autumn warming[J]. Nature, 451: 49-52.

Prasad P V V, Pisipati S R, Ristic Z, et al., 2008. Impact of nighttime temperature on physiology and growth of spring wheat[J]. Crop Science, 48: 2372-2380.

Raich J W, Tufekciogul A, 2000. Vegetation and soil respiration: correlations and controls[J]. Biogeochemistry, 48: 71-90.

Saleska S R, Harte J, Torn M S, 1999. The effect of experimental ecosystem warming on CO_2 fluxes in a mountain meadow[J]. Glob. Change Biol., 5: 125-141.

Schmidhuber J, Tubiello F N, 2007. Global food security under climate change[J]. Proc. Natl. Acad. Sci. USA, 104: 19703-19708.

Shaver G R, Canadell J, Chapin Ⅲ F, et al., 2000. Global warming and terrestrial ecosystems: a conceptual framework for analysis[J]. BioScience, 50: 871-882.

Six J, Elliott E T, Paustian K, 1999. Aggregate and soil organic matter dynamics under conventional and no-tillage systems[J]. Soil Sci. Soc. Am. J., 63: 1350-1358.

Six J, Feller C, Denef K, et al., 2002. Soil organic matter, biota and aggregation in temperate and tropical soils - Effects of no-tillage[J]. Agronomie, 22: 755-775.

Six J, Ogle S M, Breidt F J, et al., 2004. The potential to mitigate global warming with no-tillage management is only realized when practised in the long term[J]. Glob. Change Biol., 10: 155-160.

Smith P, Janzen H, Martino D, et al., 2008. Greenhouse gas mitigation in agriculture[J]. Philos. Trans. R. Soc., 363: 789-813.

Sofield I, Evans L, Cook M, et al., 1977. Factors influencing the rate and duration of grain filling in wheat[J]. Australian Journal of Plant Physiology, 4: 785-797.

Sparling G, Vojvodic-vukovic M, Schipper L A, 1998. Hot-water-soluble C as a simple measure of labile soil organic matter: the relationship with microbial biomass C. Soil Biol. Biochem., 30: 1469-1472.

Tao F, Yokozawa M, Liu J, et al., 2008. Climate-crop yield relationships at provincial scales in China and the impacts of recent climate trends[J]. Clim. Res., 38: 83-94.

VandenBygaart A J, Bremer E, McConkey B G, et al., 2011. Impact of Sampling Depth on Differences in Soil Carbon Stocks in Long-Term Agroecosystem Experiments[J]. Soil Sci. Soc. Am. J., 75: 226-234.

Wan S, Hui D, Wallace L, et al., 2005. Direct and indirect effects of experimental warming on ecosystem carbon processes in a tall grass prairie[J]. Glob. Biogeochem. Cy., 19: GB2014.

Wan S, Norby R J, Ledford J, et al., 2007. Responses of soil respiration to elevated CO_2, air warming, and changing soil water availability in a model old-field grassland[J]. Glob. Change Biol., 13: 2411-2424.

Wander M M, Bidart M G, Aref S, 1998. Tillage impact on depth distribution of total and particulate organic matter in three Illinois soils[J]. Soil Sci. Soc. Am. J., 62: 1704-1710.

White J W, Kimball B A, Wall G W, et al., 2011. Responses of time of anthesis and maturity to sowing dates and infrared warming in spring wheat[J]. Field Crops Res., 124: 213-222.

Yu G, Zheng Z, Wang Q, et al., 2010. Spatiotemporal Pattern of Soil Respiration of Terrestrial Ecosystems in China: The Development of a Geostatistical Model and Its Simulation[J]. Environ. Sci. Technol., 44: 6074-6080.

Zhou X, Sherry R A, An Y, et al., 2006. Main and interactive effects of warming, clipping, and doubled precipitation on soil CO_2 efflux in a grassland ecosystem[J]. Glob. Biogeochem. Cy., 20: 1003.

Zhou X, Wan S, Luo Y, 2007. Source components and interannual variability of soil CO_2 efflux under experimental warming and clipping in a grassland ecosystem[J]. Glob. Change Biol., 13: 761-775.